停止与内心的斗争，做一个由内而外轻松的自己

PSYCHOLOGY

一个
懂心理的朋友

PSYCHOLOGY

米苏
著

台海出版社

图书在版编目（CIP）数据

一个懂心理的朋友 / 米苏著 . -- 北京 : 台海出版社 , 2021.12

ISBN 978-7-5168-0846-7

Ⅰ . ①一… Ⅱ . ①米… Ⅲ . ①心理学—通俗读物
Ⅳ . ① B84-49

中国版本图书馆 CIP 数据核字（2021）第 232776 号

一个懂心理的朋友

著　　者：米　苏

出 版 人：蔡　旭　　　　封面设计：天之赋设计室 QQ:81628227
责任编辑：姚红梅

出版发行：台海出版社
地　　址：北京市东城区景山东街 20 号　　邮政编码：100009
电　　话：010－64041652（发行，邮购）
传　　真：010－84045799（总编室）
网　　址：www.taimeng.org.cn/thcbs/default.htm
E－mail：thcbs@126.com

经　　销：全国各地新华书店
印　　刷：三河市祥达印刷包装有限公司
本书如有破损、缺页、装订错误，请与本社联系调换

开　　本：710 毫米 × 1000 毫米　　1/16
字　　数：178 千字　　印　　张：14.5
版　　次：2021 年 12 月第 1 版　　印　　次：2022 年 2 月第 1 次印刷
书　　号：ISBN 978-7-5168-0846-7

定　　价：48.00 元

前　言

Preface

在助人自助、坚持传播心理学的路上，曾经听到过太多人的痛苦与困惑，也顺利帮助了一些朋友找回自我，重拾对生活的热情和勇气。在这个过程中，更切身地体会到了一个令人遗憾的事实：多数人只有在痛苦不已的时候，才会想起心理学，且片面地认为心理学就是解决心理问题和治疗心理疾病的；更有甚者，完全把心理学视为一门伪科学，与心灵鸡汤、星座占卜、民间算命等相提并论。

不得不说，这是对心理学的极大误解。真实的心理学，遵循科学的标准，研究的是实证可解决的问题，在方法上遵循系统的实证主义，研究结论也能够被反复验证，并经过同行评审获得认可。只是，这门科学才刚刚开始揭示人类在行为方面的某些事实，而这些事实在此之前没有被研究过，甚至和一些世俗智慧相冲突，故而才让人产生了误解。

真实的心理学，不是针对有心理疾病或变态的人，它是为任何一个关心自己身心健康、获得内在成长，学会积极养育、改善人际关系的人准备的。懂得运用心理学思维，还能够帮助我们减少投资决策中的错误，设计出更能触动用户的产品，实现卓越成效的管理。

大量心理学研究还表明，一个人的成功只有20%来自智力作用，另外80%则来自非智力方面，如领导力、抗压能力、坚毅的性格、情绪稳定性、有成就动机等。不难看出，在非智力因素中，大部分因素都与心理学相关。

人生不易，内心的痛苦往往比生理上的痛苦更让人备受折磨。面对环境中的诸多不确定，每个人都有必要了解心理学。授之以鱼不如授之以渔，为了能让更多的朋友对心理学有正确的认识，在了解心理学常识的基础上，学会运用心理学知识解决现实生活中的问题，我们精心策划了这本书。

本书从澄清对心理学的误解入手，采用循序渐进的方式展开，从感觉知觉到行为动机，从探索内在到认识群体，从自我成长到心理疗愈，结合心理学经典实验及其结论，力求呈现出心理学的科学性与实用性。碍于时间与篇幅的限制，无法详尽地把更多的心理现象和问题罗列出来，若书中有疏漏与不足，敬请读者不吝指正。

真心希望更多的朋友能从本书中获益，借助科学的分析方法和工具，揭开隐藏在行为之下的深层认知领域，重新认识自己和他人；提升情绪觉察能力，在遇到心理困扰的时候，掌握正确调适的方法；摒弃对心理问题的歧视与偏见，在自身无法实现有效的情绪疏导而备受煎熬时，积极寻求专业人士的帮助。人生路茫茫，愿心理学这道光，能在黑暗中为你照亮前途。

目　录

Contents

CHAPTER 1 | **澄清误解：走近真实的心理学**

心理学是一门正在走向成熟的科学 / 002

心理学的研究结论和生活常识不一样 / 005

精神分析与解梦只是心理学的一隅 / 008

心理学家没有看透人心的“超能力” / 010

民间的算命和心理学不是一回事 / 012

不是所有懂心理的人都会催眠术 / 014

每一个正常人都需要心理咨询 / 016

CHAPTER 2 | **感知万物：认识世界的起点**

停在避风港里不是生而为船的意义 / 020

你所留意到的事物，都是你想留意的 / 023

耳听不一定为真，眼见不一定为实 / 027

你可能想不到，记忆是一个大骗子 / 029

智力是与生俱来，还是靠后天培养 / 032

错误是学习的机会，在试错中成长 / 035
出现感知障碍时，一定要提高警惕 / 038
请不要剥夺孩子感受世界的权利 / 041

CHAPTER 3 | **探索自我：最熟悉的陌生人**

认识自己是世界上最难的事情 / 046
潜意识操控你的人生，你却称其为“命运” / 048
为什么理性自我总是败给感性自我 / 051
每个人都想表现出理想化的自己 / 054
人格只有不同，没有优劣好坏之分 / 057
掩饰自身特质是一场严重的内耗 / 060
入戏太深会在现实中影响自己 / 063
孪生姐妹的性格为何截然不同 / 065
吃不着葡萄说葡萄酸是什么心理 / 067
你眼里的世界，是你内心的投射 / 069

CHAPTER 4 | **洞悉内心：行为背后的秘密**

人为什么会作出无视道德的事 / 074
拥抱的力量，远远超出你的想象 / 076
男人比女人更容易自作多情吗 / 079
动机太强的时候，往往会事与愿违 / 081

危难时刻真的有人不怕死吗 / 083
越是被禁止的，就越是渴望的 / 085
到底是望子成龙，还是心理代偿 / 087
明知道犯了错，却总觉得是身不由己 / 090
一旦做了某种选择，如同踏上了不归路 / 092
相比合作而言，人总是优先选择竞争 / 095

CHAPTER 5 | 群体迷思：没有人是一座孤岛
是什么导致了三个和尚没水喝 / 098
离人太近或太远，都不利于相处 / 100
我们为什么喜欢和自己相似的人 / 102
给予就会被给予，剥夺就会被剥夺 / 105
无可挑剔的人会让人感觉不真诚 / 108
没有人能完全避免周围人的影响 / 110
外表优雅的女性一定有内涵吗 / 112
每个人都希望感受到自己的价值 / 114
适当地满足一下别人的好奇心 / 116

CHAPTER 6 | 积极生长：成为更好的自己
高敏感不是缺点，而是一种天赋 / 120
激发内在潜能，打开自己的宝藏 / 123

努力很重要，找对位置更重要 / 125
建立学习与愉悦体验之间的条件反射 / 127
学会独立思考，撕掉思维里的标签 / 130
设置你的心理界限，拒绝不等于自私 / 132
摆脱不合理信念，让你的成长加速 / 135

CHAPTER 7 | **情绪疏导：唤醒自愈的力量**

压力专题：与压力共处是一辈子的功课 / 138
压力专题：学会适当倾诉，苦痛不必独自扛 / 141
内疚专题：不健康的内疚是插在心头的刀 / 143
内疚专题：用真诚有效的道歉获取谅解 / 146
焦虑专题：时刻被紧张缠绕着的焦虑者 / 149
焦虑专题：拨开恐惧与混乱，找回掌控感 / 152
焦虑专题：缓解焦虑情绪通用的“三步法” / 155
抑郁专题：谁都可能与抑郁不期而遇 / 158
抑郁专题：重塑思维模式，走出抑郁的阴霾 / 161
哀伤专题：丧失是无法回避的人生经历 / 165
哀伤专题：为什么丧失让我们如此痛苦 / 167
哀伤专题：为丧失提供一个哀伤的过程 / 170
哀伤专题：哀伤的五个阶段，完成才能疗愈 / 172
哀伤专题：阻止悲伤逆流成河的有效建议 / 175

CHAPTER 8 | 行为矫正：停止与身心的斗争

孤独专题：消除负面设想，重拾生命活力 / 180

拖延专题：拖延不是时间问题，而是心理问题 / 182

拖延专题：学会延迟满足，抵抗即时的诱惑 / 186

拖延专题：不要对“未来的自己”期望过高 / 189

拖延专题：设置小里程碑，促生行动的力量 / 192

强迫专题：我知道这样不好，但我停止不了 / 194

强迫专题：强迫型人格 VS 强迫症不一样 / 197

强迫专题：你越妥协退让，它越得寸进尺 / 200

强迫专题：别把自己困在“不能说的秘密”里 / 203

情绪性进食专题：明明不饿，却总是想吃东西 / 205

情绪性进食专题：如何与负面情绪建立连接 / 208

情绪性进食专题：只有接纳，改变才可能发生 / 212

情绪性进食专题：好好吃饭的六个正念法则 / 215

CHAPTER 1

澄清误解：走近真实的心理学

心理学是一门正在走向成熟的科学

心理学的英文是“psychology”，源于古希腊语，意思是“灵魂之科学”。灵魂在希腊文中有气体或呼吸的意思，因为古代人们认为生命依赖于呼吸，呼吸停止，生命就完结了。随着科学的发展，心理学的对象由灵魂改为心灵，心理学也就变成了心灵哲学。

心理学研究的内容，有不少都是大家熟悉且关心的问题，如：什么样的事情让我们印象深刻？意念能不能被植入梦中？特定的情境会让人一见钟情吗？……正因为人们关心这些问题，自然就会有自己的分析和证据，得出自己相信的结论。这些结论，往往跟心理学家的研究结论不完全一致，这就让他们不仅对心理学产生了一些质疑。

很多人认为，科学应当有严格的实验操作和严密的逻辑推理，比如物理学、数学等，而心理学摸不着、看不见，且人的心理变幻莫测，是一个难以控制的变量，要对它进行操作和研究，似乎有点不靠谱。还有一些人认为，出现心理问题后，经过咨询治疗应该很快就能痊愈，结果却失望了……鉴于这些原因，心理学被扣上了“伪科学”的帽子！

其实，这样的评判对心理学来说是很不公平的，我们分别来解释一下：

其一，心理学是一门正在走向成熟的科学。1982年，国际心理科学联合会正式成为国际科学联合会的会员，这证明了心理学的学术地位。主流的科学心理学已经在实证主义的道路上走了很远。心理学遵循科学的标准，即研究的是实证可解决的问题，在方法上遵循系统的实证主义，研究结论也能够被反复验证，并经过同行评审获得认可。

其二，对心理学的渴求使得大众对心理学产生了特殊的期待。心理现象和心理问题与每个人休戚相关，人们试图通过心理学对这些现象和问题进行解释，并从中获得行之有效的帮助和建议。在这方面，针对个体的精神分析和治疗技术有一定优势，而其他大多数心理学研究针对的是群体的普遍行为规律，侧重于解释和预测，其研究结论有概率性和领域特异性，没办法有针对性地、全面地解决个体所有的心理问题。

其三，世界上不存在瞬间愈病的药，任何治疗都需要时间和过程，心理咨询也是一样的。正所谓“冰冻三尺非一日之寒”，要融化三尺冰块不可能是一蹴而就的。心理咨询想要收获好的效果，不仅需要咨询师具备丰富的经验技能，还需要来访者的积极配合。我们要正确认识心理咨询，并对其设立现实的期望，不能急于求成，更不能因为短期未见到效果，就否定心理咨询，否定整个心理学。

其四，大众媒体在科学心理学的传播方面存在误导。随着心理学的热度不断升温，不少电台、网站、自媒体等都相继推出与心理学相关的节目或内容，但由于种种原因的限制，最终呈现在大众面前并得到广泛传播的并不是科学的心理学，而是经过精心包装的伪心理学，甚至有些所谓的“心理专家”在媒体平台上用错误的理论误导大众。那些所谓的星座、血型、养生以及各种未经实证检验的稀奇古怪的疗法，披着心理学的外衣招摇过市，让真正的心理学蒙受了不少指责和冤屈。

想要了解心理学，第一步也是至关重要的一步，就是认识到心理学不是伪科学，它是一门基于数据的科学的行为研究。只不过，这门年轻的科学才刚刚开始揭示行为某些方面的事实，而这些事实在此之前未曾被研究过，甚至会与一些世俗智慧相冲突。误解，往往都是因为缺少了解，在澄清了“心理学是伪科学”这一误解后，愿大家能够用正确的态度和眼光重新看待和走近真实的心理学。

心理学的研究结论和生活常识不一样

提到心理学研究，有些人会撇撇嘴，不以为然地说："心理学家天天琢磨，研究出来的也不过是一些人尽皆知的常识，没什么新鲜的呀！那些东西我早就知道了，就是换一种表述方式而已！"

听到这样的评判和解说，不知道多少心理学家会瞬间"石化"？心理学知识确实源于生活，但它并非是将任何一个门外汉都心知肚明的东西拿过来用专业术语包装一番，这是对心理学极大的误解，甚至是轻视。

心理学研究的不是一般常识，其研究的深度和广度也不是一般常识能够解决和理解的。多数生活常识都是人们总结出来的经验，有些甚至是错误的，只是观念过于深入人心，致使很多人无法改观。然而，心理学研究得出的结论是有科学依据的，绝不是经验使然，它也会让我们更加清晰地看到事物的本质和真相。

常识 1：智商和情商都是天生的，遗传的父母的基因

大家都听过一句俗语："龙生龙凤生凤，老鼠的儿子会打洞。"这种流传甚久的说法，反映出人们的一种认知观念，即一个人的智力、情商等特质是遗传父母的，什么样的父母就会生出什么样的孩子，几乎不会改变。实际上，这一生活常识是不准确的。

认知心理学上关于遗传和教养的研究发现，个体虽然与父母存在基因的相同性，但人类的大脑是具有可塑性的。特别是在幼年时期，大脑的可塑性最强，个体所接受的培养与所处的环境，在很大程度上影响其智商与情商的发展。

有关神经科学的研究也显示，在我们学习的过程中，大脑中的神经元之间的联结会增强。换而言之，当个体学习训练某项技能时，只要不断地进行刻意练习，大脑里关于这项任务的神经元功能会变强，最终成为一种自动模式，如骑车、开车、轮滑等。

上述的研究充分证明，父母的基因作用不是绝对的，个体的智商、情商还与后天的培养和生活环境息息相关，且可以通过学习等改变，并不是一成不变的。

常识 2：TA 让我怦然心动，这就是一见钟情

男孩 Jack 在一次攀岩活动中认识了女孩 CC，尽管是初相识，可那次活动过程中的短暂相处，却让他对 CC 念念不忘，他着实体验到了“怦然心动”的感觉，并确信这就是传说中的一见钟情。那么，Jack 的感觉到底准不准呢？又是不是真的呢？

英国哥伦比亚大学心理学唐纳德·赫顿做过一个吊桥实验：在一座高危的旅游观光桥上，让经过训练但不了解实验预期的一位美女受试者站在桥中间。当发现有 18~35 岁的单独男性时，胆战心惊地走到他身边，让他做一份心理问卷，并看图讲故事。声称如果想知道结果，可以给她电话，并留下电话号码 A。另一个对比实验，地点是一座结实的石桥，其他条件不变，唯有留下的电话号码变成了 B。

一段时间后，大部分做过调查问卷的男性都打电话给号码 A，只有极少数打电话给号码 B。对比他们所讲的故事，按照限制级分为 1~5 个等级，电话号码 A 中的来电者，所得分数更高，讲述的话题也更火爆，对美女的好感度更高。

看出什么端倪了吗？在危险的环境中，人更容易将紧张出汗等生理反应归于面前的人身上，继而“误会”自己怦然心动、一见钟情，我们的大脑有时就是这么容易被欺骗！

常识 3：质量守恒定律，这么简单的道理谁不知道

下面是从《心理学与你》中摘录的常识性问题，大家可以试着回答一下：

瑶瑶看到妈妈正在厨房里做家务，就走了进去。厨房的桌子上放着完全相同的两瓶牛奶。妈妈打开了其中一瓶，把里面的牛奶倒进了一个大玻璃坛子里。瑶瑶的眼睛不停地转动，看看那只仍然装满牛奶的瓶子，再看看那个玻璃坛子。这时候，妈妈问瑶瑶：是瓶子里的牛奶多，还是坛子里的牛奶多？

相信会有朋友想当然地说出“一样多”，认为这个问题太显而易见！孩子目睹妈妈倒的牛奶，两瓶牛奶原来都是装在同样规格的容器里，根本没有质量上的增加和减少。那么真实的情况是这样的吗？不，瑶瑶给出的答案是，瓶子里的牛奶比坛子里的多！

为什么看起来如此简单的“常识性问题”，瑶瑶却回答得不对？

发展心理学研究证实：儿童通常要到 7 岁左右才会明白，同一瓶牛奶无论倒在什么样的容器里，体积都是不变的。瑶瑶只有 5 岁，当她看见瓶子里的牛奶比坛子里的牛奶液面高很多时，就会认为瓶子里的牛奶多，除非她不是一般的儿童。

现在，你还认为心理学研究的就是一些常识问题吗？有没有意识到，心理学可以帮助我们识别“常识陷阱”，以正确的视角来解读生活中的现象，不被“想当然”所欺骗。同时，我们也能够掌握并遵循相应的心理学规律，在思考问题、教养子女的过程中，尊重事实，以科学的方法替代盲目的灌输，以正确的引导替代无谓的吼叫。

精神分析与解梦只是心理学的一隅

如果随意询问一百个路人，让他们说出一个对心理学作出过卓越贡献的心理学家，那么西格蒙德·弗洛伊德多半会名列榜首，而后也许才能听到荣格、阿德勒、斯金纳、华生等名字。不夸张地说，弗洛伊德连同媒体上的大众心理学，在很大程度上定义了公众心目中的心理学，而弗洛伊德的名声更是极大地影响了普通公众对心理学的看法，并造成了诸多误解。

如今，打开各大心理学公众号，或是网站的心理专栏，我们经常会看到"原生家庭""童年经历""梦与潜意识"等字眼，这些都和弗洛伊德的精神分析理论有关，使得人们片面地把心理学和精神分析"对等"起来。

好莱坞电影对人们的认知影响也很大，《爱德华大夫》是第一批以精神分析为主题的影片之一，票房很高，这让精神分析题材开始在电影界盛行。片中有一句经典台词，也是很多人将其跟心理学家联系起来的原因："晚安，做个好梦，明天拿出来分析一下！"

梦，是一种奇妙的体验，一直以来被视为透视人内心世界的途径，而人本身的好奇心又促使着他们乐于去挖掘自己和他人心灵深处的秘密。《梦的解析》是弗洛伊德最负盛名的一部著作，这是他结合多年的临床经验分析总结，创造性地提出的一套精神分析理论，他指出："梦，它不是空穴来风，不是毫无意义的，不是荒谬的，也不是一部分意识昏睡。它完全是有意义的精神现象。”

弗洛伊德在梦的理论中，将梦视为一种精神过程，划分为显意和隐意。他把真实的梦的内容称之为显意，把通过梦用力挤入意识、使梦发生的思想称为隐意，把梦的隐意和无意识活动联结在一起。在他看来，精神分析就是要把梦的显意“还原”成它的隐意，继而从隐意中发现梦者无意识的动机和欲望。

弗洛伊德认为，把梦分成若干部分，让被试者去细想，每次只能针对某一个部分，让他的思想自由地漫游，思绪会慢慢走向过去的体验和想法上。他相信，这种自由联想的过程，会产生一个联结思想的链条，它会和梦的隐意相连接。

那么，表现在梦中的隐意到底是什么呢？弗洛伊德指出，各种内容的梦都是愿望的满足，而梦的愿望全部来自无意识。他相信，在梦的分析中，能够揭示出叠加着的层层愿望，最下面的是来自童年早期的愿望。

鉴于上述理论，很多人在现实生活中遇到了懂心理学的专业人士或朋友，往往都会要求对方帮自己解梦。他们认为懂心理学的人一定知道如何解梦，且剖析一个梦就可以诠释自己大部分的心理问题。不得不说，这是一种极大的误解！

要知道，解梦只是精神分析流派所使用的心理治疗技术之一，如果把心理学比喻成一片热带雨林的话，那么解梦也只是这片雨林中的一株树木而已，不能代表整个心理学。

心理学家没有看透人心的“超能力”

“和您聊天很愉快，请问您是从事什么工作的？”

“我是一位心理咨询师。”

“啊？您是不是能看透他人的心思？知道我现在在想什么？”

“我想，你可能误会了……”

在对心理学没有任何了解的时候，突然面对一位资深的心理学家，很多人会萌生莫名的紧张感。尤其是在被问及一些问题时，他们会觉得对方目光深邃、心灵敏感，担心自己某一个不经意的表情或动作，就被对方看穿了心思？更担心自己撒了谎，瞬间被对方拆穿，并被参透这一行为背后的动机。

坦白说，有这样的想法不足为奇，因为很多人对心理学家的认识，都是从影视中获得的。比如《沉默的羔羊》里的汉尼拔博士吗，沉着冷静、足智多谋，精通心理学，可以轻而易举地分析透每个人的想法和意愿；还有《Lie To Me》里的 Lightman，他可以瞬间读出他人脸中透露的信息，即便一个犯罪嫌疑人不吭不响地坐着，他也可以透过微表情发现真相。

看到这些情节，确实会让人对心理学家产生一种误解，认为他们可以透视眼前人的内心活动。实际上，这些都是影片渲染出来的，有夸张的成分在其中。

有句话说：“外行看热闹，内行看门道。”不了解心理学的影迷，看到的只是 Lightman 可以瞬间读懂微表情的能力，并为之惊呼；懂心理学的朋友不会大惊小怪，他们知道 Lightman 能够瞬间读脸是有前提条件的，即问对问题，用专业术语来讲就是“有效刺激源”，以此突破对方的心理防备。

心理学家通常都是依据人的情绪表现和外在行为等，来研究人的心理。或许，他们可以根据某个人的外在特征或测验结果，来推测这个人的内部心理特征，但除非他具备超感知能力，否则的话，任凭他的经验有多丰富，也不可能一眼就看穿他人的内心世界，更无法迅速判断一个人是否在说谎。

所以说，面对面坐着就能把人心看穿，这样的事情基本上是不太可能的，也不存在如此超能的心理学家。今后，跟学心理学的人在一起聊天，或是面对资深的心理专家时，千万别傻到去问：“你是心理学家，你知道我在想什么吗？”

再跟大家透露一个事实：美国的一项研究显示，判断正确或失误各占 50% 的机会，一个普通人分辨谎言与真话的平均正确率大概是 54%。这就是说，人们对说谎行为的识别准确率并不显著高于随机判断的概率。至于警察、侦探、心理学家等对识谎能力职业要求较高的人群，虽然他们自认为识别谎言的能力高于普通人，但其实他们跟普通人没有明显的差异，甚至还有可能低于后者，因为他们更倾向于对自己所持怀疑的证实和相信自己的主观经验。

民间的算命和心理学不是一回事

算命和心理学是一回事？当然不是！在此，我们必须为心理学正个名：心理学是一门研究人或动物的心理状态、心理过程和心理特征及其行为的学科，绝非研究命理的。至于算命先生“为什么总能说到人心里”，这里涉及一个心理学名词：巴纳姆效应。

肖曼·巴纳姆是一个有名的杂技师，他在评价自己的表演时说，自己之所以受欢迎，是因为节目中包含了每个人都喜欢的成分。人们都很容易相信一个笼统的、一般性的人格描述，觉着它精准地反映了自己的人格面貌。其实呢？这些描述得是很模糊的，通常也具有普遍性，能在很多人身上获得灵验，因而也适用于很多人。

生活中求助算命的人，往往都是迷失自我的人，容易受到外界暗示。当他们处于情绪低落、失意的时候，对生活丧失了控制感，安全感也受到了影响，心理依赖性增加，受暗示性也比平时更强。算命先生借助巴纳姆效应，揣摩了人的内心感受，似乎抛出那一些听起来很有道理、实则适用于绝大多数人的话，稍微给予求助者一些理解和共情，求助者立刻就会收到一种精神安慰。算命先生接下来说的放之四海而皆准的话，求助者自然就会深信不疑。

算命这件事运用了心理学方面的内容，但绝不能把两者等同起来！

心理学是研究人类的生活起居、工作习惯、心理变化和发展的学科，最终的目的是治疗和改善人性的弱点；而算命却是运用心理学中一部分内容做推演，断章取义，没有科学依据，最终利用人性的弱点为自己谋利。

这也提示我们：在生活遭遇滑铁卢，情绪低落的时候，要想到命运是掌控在自己手里的，转换一下思维，去看看事情的另一面，也许就能跳出固有的模式，靠自己的力量去扭转困境，改写人生。

不是所有懂心理的人都会催眠术

“你是学什么的？”

“心理学。”

“那你能给我催眠吗？”

“对不起，我不会催眠。”

“你不是学心理学的吗？”

“谁说学心理学，就一定会催眠呢？”

不少人都曾想当然地认为，心理学专业人士应该都会催眠术。其实，出现这样的误解不足为奇，毕竟催眠术给人们的印象是很玄妙的，而一提起催眠术又会联想到心理学家弗洛伊德。故而，公众就会认为，心理学家应当都会催眠术。

同时，受一些颇有知名度的心理学电影的误导，如日本惊悚片《催眠》，片中描述心理学家使用催眠术时的情景与实际相差甚远，完全是为了商业炒作而对催眠术的作用进行了夸张甚至歪曲，让人们对心理学的认识产生了误解和片面的认识。

让我们真正地认识一下催眠术吧！

首先，催眠和睡眠不是一回事。人在催眠状态下，脑电波为 8~13Hz；而在深度睡眠状态下，脑电波为 0.5~3Hz，两者有生理上的区别。在轻中度的催眠状态下，受术者的肌肉放松，头脑甚至比清醒时还要敏锐。

其次，催眠术源自18世纪的麦斯麦术。奥地利的麦斯麦医生以“动物磁力”的心理暗示技术，开创了催眠术治疗的先河。这种方式，就是用磁铁棒诱惑病人进入意识恍惚的状态中。19世纪，英国医生布雷德研究得出，让患者凝视发光的物体会诱导其进入催眠状态。他认为，麦斯麦术所引起的昏睡是神经性睡眠，因此另创了催眠术一词。在后来出版的《神经催眠术》一书中，他又将心理暗示技术正式定名为“催眠”。

需要澄清的是，不是所有的心理学家都会催眠，它是精神分析心理学家在心理治疗中使用的方法之一。现实中绝大多数的心理学家的工作，都是不涉及催眠术的，他们更倾向于用实验和行为观察等更为严谨的科学研究方法。

还有一个问题是，并非每个人都可以被催眠。即便是面对同一个催眠师，受术者的敏感性也存在很大差别，大约有5%～20%的人不能完全被催眠，大约有15%的人很容易被催眠，大多数人介于这两者之间。临床催眠实践证明，注意力集中、身体易于放松、感受性高、想象力丰富的人，更容易进入催眠状态。

每一个正常人都需要心理咨询

“如果这件事总是困扰你，影响了正常的生活，不妨寻求一下心理帮助。”

“你的意思是让我去做心理咨询？”

“嗯，可以跟心理咨询师聊一聊，探寻一下问题的根源。”

“算了吧！心理有病的人才用得着，我还没有病到那个程度。”

“呃，你是这么认为的……”

当我们发现一个人心里有症结总也解不开，建议他去找心理咨询师聊一聊的时候，往往会遭到强烈的抗议，他会强调“我没病”，似乎只有“心理有问题”的人才会去咨询，而有问题就意味着“变态”。当然，也有一些人，想过去找心理咨询师谈谈，但过不了心里那道坎儿，不停地跟自己进行激烈的思想斗争。

事实上，人们对心理咨询真的存在太多的误解。

误解 1：心理咨询和精神病学是一回事

精神病学属于医学领域，精神病学家是医生，他们要面对的是心理失常的人，也就是所谓的“变态者”。精神病学家跟其他医生一样，在治疗精神疾病时需要使用药物，他们具有处方权，这一点是任何心理咨询师都不会做的事。心理咨询师虽然也关注精神病人，但绝对不会使用药物进行治疗。当心理咨询师发现来访者可能存在变态人格、精神障碍的时候，通常会在保护来访者隐私的情况下，建议其转诊。因为这已经超出了心理咨询的范畴，需要去看心理医生，进行药物治疗。

误解 2：正常的人不需要做心理咨询

心理学研究的内容很广泛，且许多内容都是针对正常人的，比如儿童情绪的发展、性别差异、智力、老年人心理和跨文化的比较等，这都是心理学研究的内容。心理咨询通常面向的都是正常的群体，和来访者探讨大部分人都会有的情绪、沟通、婚恋困扰等。

据一项调查显示，美国有 30% 的人会定期看心理咨询师，80%的人会不定期去心理诊所。你能说，这么多全有病吗？悲伤和困苦是生命中不可回避的一部分，人人都会遇到，如果压抑在心里解不开，就可以寻求心理咨询。

误解 3：做心理咨询就是通过聊天寻求建议

心理咨询真不是聊天那么简单，会谈不过是一种形式，咨询师会更多地倾听，秉持“中立”的态度，让来访者发现和看到自己的问题。至于最后要做什么样的决定，咨询师是不会直接给出建议的，他们的工作是助人自助，与来访者一起探索，让他们作出改变的决定。

误解 4：找心理咨询师朋友做咨询更方便

很多人在听说同学、朋友是心理咨询师的时候，总是会半开玩笑地说一句：“改天你也给我做做咨询吧！毕竟，咱们还是比较了解的。”这样做可以吗？

非常肯定地说，不可以！如果你身边有心理学专业的朋友，他或许能够给你一些建议，但绝对不能成为你的咨询师，为你做心理咨询。因为咨询过程要避免双重关系，否则就违背了咨询伦理，也会影响疗效。

误解 5：心理咨询师经常接收情绪垃圾会抑郁

不要有这方面的担心，每一个心理咨询师都有自己的督导老师，会定期帮助他们处理情绪困扰。另外，他们对自己的情绪状态也有更多的觉察和了解，一旦心理出现警报，会动用自己的心理资源，去寻求解决之道。

应对季节的变换，身体可能会生病；遭遇风雨坎坷，心灵也可能会感冒。每个人都有自己的心理局限性，也会遇到有心理困惑的时候，如果总是局限在自己的思维模式和情绪状态中，就会严重影响生活质量，甚至酿成心身疾病。懂得借助心理咨询来改善心理状态，提升心理认知，是对自己的重视与善待。很多时候，心灵的成长，不仅能够帮助我们拓展看问题的视角，更好地理解自己、理解他人，还能让我们看到自身的潜能，活出生命的意义。

CHAPTER 2

感知万物：认识世界的起点

停在避风港里不是生而为船的意义

刚走进鲜花店时，瞬间会嗅到浓郁的花香味，在里面待上半小时，香味就变得没那么浓烈了，甚至在不明显吸气的情况下，几乎感受不到香味的存在。

冬天去游泳时，刚下水的那一刻，浑身都会起鸡皮疙瘩。然而，五分钟过后，所有的不适感都消失了，水显得没那么冷了，甚至还透着一丝丝的温热。

吃第一口酸角时，感觉酸味无比强烈，吃完两个之后，就觉得没那么酸了，且还能在酸味中品尝到一点点果肉的香甜。

……

类似这样的情景，相信你还能说出更多，这种在外界刺激的持续作用下，感受性发生变化的现象叫作感觉适应。感觉适应能力是在有机体长期进化过程中形成的，能帮助我们精确地感知外界的事物，从而调整自己的行为。外界环境的变化幅度巨大，比如白天阳光明媚，夜晚黑漆一片，亮度相差百万倍，如果没有适应能力，我们就无法在这种变动的环境中精细地分析外界事物，作出准确的反应。

感觉适应告诉我们，人或动物长期处在一个环境中直至完全适应时，会使其感受器的感受性明显下降。正因为此，我们需要保持一定的危机意识，不能在舒适区停留太久。

所谓舒适区，就是指活动与行为符合人们的常规模式，能最大限度减少压力和风险的行为空间。从人的自身感受来说，处于“舒适区”能够让我们处于心理安全的状态，能够降低内心焦虑，释放工作压力，且更容易获得寻常的幸福感。但是，在这个舒适区里，人很难有强烈的改变欲望，更不会主动付出太多的努力，一切行为都只是为了保持舒适的感觉。久而久之，意志就会退化枯萎，变得懒散懈怠。

大学毕业后，Tim 去了一家中等规模的公司，做了一名技术支持。随着时间的积累，Tim 的技术能力越来越强，但由于公司内部的人事限制，他没有太多的升职空间，且工资也难再有一个跨度的增长。不过，Tim 并没有任何的危机感，觉得这样的日子也还能接受。

人一旦习惯了某个职业环境后，都会出现环境依赖症，逐渐丧失跳槽或离开的勇气。Tim 也不例外，他在这家企业一直做了七年，已经没勇气主动辞职了。在他看来，无论是辞职还是转行，都是不确定的，也是危险的。

舒适区很温暖，很安全，犹如一座避风的港湾。停留在港湾的船无疑是安全的，但这不是生而为船的意义。走出舒适区，去迎接海上的风浪，才有可能抵达真正的远方，领略到更广阔的天地，看到不同寻常的风景。

那么，有什么办法能够推动我们走出舒适区呢？

第一，换一种态度对待不舒服的感觉。走出舒适区肯定是不舒服的，当你感觉到不舒服时，别总想着抗拒，告诉自己这是一件好事，这意味着你在成长，你在挖掘潜能。

第二，对你感到担心的事物，不要总找借口去逃避，大胆地去尝试。当你直面恐惧的时候，你就是在不断地扩大自己的舒适区，也就调动了更多的潜在能量。

第三，尝试着每天做一件不同的事情，保证它是偏离你平常的舒适区的举动。比如，换一条线路去上班，跟平时不太喜欢的人交流，选择新的餐馆就餐，去新的水域游泳。如此，你的适应能力会变得更强，更容易应对突如其来的变化。

第四，多在“学习区”做事，不断地精进自己。人类应对问题的心理状态可分为层层嵌套的三个圆形区域：

最里面的一层叫作“舒适区”，是我们已经熟练掌握的各种技能。在这个区域里做事，就是我们每天过着的正常生活，几乎没什么太大的变动。

最外面的一层叫作“恐慌区”，是我们暂时无法学会的技能。这个也很好理解，我们不是学医的，对于治病救人这样的事，自然是无法驾驭的。如果不是专业人士，这辈子怕是都无法触及。

中间的一层叫作“学习区”，这也是我们要说的重点。要想持续地进步，就要多在“学习区”做事，不断地让自己精进。贪图享受，习惯懈怠，会让我们面临被淘汰的结局。

走出舒适区，不是一件容易的事，需要一个长久的过程，不可追求速成。只有一点点地开阔视野，慢慢地增加心理上的软性收益，我们才能够迈出心理舒适区，遇见未知的自己。

你所留意到的事物，都是你想留意的

美国心理学家做过这样一个实验：事先告诉被试者，注意观察视频中打篮球的运动员传了几次球，然后给他们播放打篮球的视频。等视频放完后，心理学家却问了另外的问题：有没有看到在球员之间走过了一只大猩猩？

啊！怎么会有大猩猩呢？所有被试者都觉得奇怪，一致表示没看见。然而，当研究人员再次播放视频时，令人惊讶的是，打篮球的人群中竟然真的有一只大猩猩穿过，而观看者竟然都没有发现！这简直太不可思议了。

看似奇怪的现象，到了心理学家这里，却是再正常不过的事，他们将其称为——知觉选择性，也称选择性注意。我们提到过，知觉是一系列组织并解释外界客体和事件的产生的感觉信息的加工过程，但客观事物是多种多样的，在特定时间内，我们只能按照某种需要和目的，主动而有意地选择少数事物作为知觉的对象，或无意识地被某种事物吸引，从而对其他事物作出模糊的反映。

心理学教授经常会给学生们讲《查尔斯大街的故事》，即一位商人、一位医生、一位艺术家于同一时间走过同一条街道，但他们眼中的街道却各不相同。商人看到的是商铺所在位置对于经营的重要性；医生看到的是药店橱窗里摆放的各种药品，以及不懂得调理自身健康而造成身体不适的人群；艺术家看到的是线条、形状和色彩构成的美丽画面。

同样的时间，同样的环境，不同的人却把注意力停留在不同的事物上，看到的景象和内心的感受也截然不同。由此可见，选择性注意会把我们的认知资源集中在特定的刺激或信息源上，同时忽略环境中其他的东西。

心理学中“自证预言”实现的一个关键机制，即你所留意到的事物，都是你想留意的。当你发出一个预言后，为了证明自己是对的，你的注意力就会集中在符合你预言的信息上，并忽略掉那些不符合的。认识到选择性注意，可以给我们的生活带来两点重要启示：

启示 1：你凝视深渊的时候，深渊也在凝视你

坐在咨询室里的 Lucy 女士，眼眶红肿，哽咽着诉说她的遭遇和困惑：“我不知道做错了什么，让婚姻变成了现在这样，他也变得很陌生。过去出门之前，他都会跟我温情地告别，现在不声不响地就出了家门；他手机收到消息，我一问是谁发来的，他就反应过激；就连夫妻生活也像例行公事，彼此心里都揣着事儿；他总是心神不定……你说，如果不是他有了外遇，怎么会出现这样的情况？”

人们常说，事情往往有三个面：你的一面，我的一面，真相的一面。

Lucy 述说的是她的一面。后来，在咨询师的建议下，Lucy 的丈夫也参与了进来，开始家庭治疗。这时，丈夫开始述说了他的一面：“Lucy 的家庭条件不好，婚后全职在家照看孩子，和社会接触得较少；我父母早年经商，家里的物质条件相对好很多。当初两个人在一起，是 Lucy 先追求的我，但她总是疑神疑鬼的，对我特别不放心。”

经过多次的咨询，事实真相的一面也浮现出来：Lucy 的丈夫没有外遇，但公司的账目出了一些问题，他不想让 Lucy 担心。至于 Lucy，她对丈夫的不信任，源自内心的自卑。在咨询师的帮助下，Lucy 开始调整自己的认知，认识到婚姻不是交易，双方家境总会存在差别，她要学会看到自己的长处和优势，重建自信。同时，要多丰富自己的生活，不把所有的注意力都放在丈夫身上，让感情有多种寄托，让生活有多个支点。

很多时候，我们认定的事实，可能只是选择性关注的结果。如果过分关注他人的不足，抑或是负性的一面，往往会给关系带来隔阂，最终还可能真的让对方变成你所说的样子，也就是投射性认同，即诱导他人以一种限定的方式来作出反应行为模式。

启示 2：你的一切价值，都是你注意力的产出

李笑来在《财富自由之路》里如是说道："和注意力相比，钱不是最重要的，因为它可以再生；时间也不是最重要的，因为它本质上不属于你，你只能试着和它做朋友，让它为你所用；而注意力才是你所拥有的最重要的、最宝贵的资源。所以，你必须把最宝贵的注意力全部放在你自己身上。这可能是人生中最有价值的建议——因为最终，你的一切价值，都是你的注意力的产出。"

你专注于什么，决定了你拥有的经历，而你的经历决定了你的生活，你的生活又决定了你是一个什么样的人。当你把注意力放在了收发邮件、开会、闲逛网页、刷抖音、追剧、玩游戏上时，用不了几周或几个月，你的生活里就会塞满你不想要的"经历"，而你却浑然不知。待到醒悟的时刻，往往已为时过晚，没有时间和精力再去完成那些对自己有意义的事。

管理注意力，要从控制外部因素与内部因素两方面入手：

首先，控制外部因素，降低电子设备或周围人的干扰，在一天中尽可能地把时间和精力用在优先事务上。同时，也要和周围的人设置一定的"界限"，当自己集中精力处理一件事时，可贴上"请勿打扰"的纸条，或戴上减少噪音的耳机。

其次，当电子设备远离了手边，办公区域也贴上了“请勿打扰”的标签后，就要专注地做一件事，请记住：只打开一个工作窗口，全力以赴地完成这项既定任务，不要同时做多件事。如果在做事的过程中，有琐碎但重要的事情打扰，可将其迅速记在便签纸上，这样做的目的是将它们从大脑中清理出去，避免占据大脑空间。等处理完了既定任务，再来处理这些琐事。倘若出现了走神的情况，一定要即刻把注意力拉回来，让它重归正确的轨道。

夺回对注意力的控制，就是在夺回对人生的掌控权。

耳听不一定为真，眼见不一定为实

古人有云：“耳听为虚，眼见为实。”

这句话的深意是劝解世人，不要道听途说，自己亲眼看见的才是真实的。这句话在直觉上是成立的，因为眼睛忠实地反映着客观世界的一切，无论是感知物体，还是感知物体的运动。然而，现实生活纷繁复杂，我们眼睛看见的一定是事物的真相吗？

从生活层面来说，眼见为实不是绝对的。

相传，韩国有一位静虚禅师。某天夜里，禅师携带一名女子进入自己的房间，并立刻紧闭房门，之后几天都没有出来。弟子满空担心师兄弟知道这件事，就一直守在门外。有人来找师父，他就委婉劝回，说禅师正在打坐，不便打扰。可是，满空心里很焦虑，觉得这样下去不是办法，纸包不住火。

几经思虑，满空鼓起勇气敲门。师父让他进门，不料进去之后，满空看到一位女子躺在师父床上，他大惊失色地说道：“您这样做是不是不妥？让师兄弟们怎么看您呢？”

静虚禅师没有生气，他让满空过来，仔细看看女子的脸部。原来，这位女子身染恶疾，是一个麻风病人，鼻子掉了，耳朵也没有了。禅师把她带回来，只是为了给她治疗。

满空看后，惭愧不已：“师父，弟子愚痴，妄下评论！”

由此可见，耳听不一定为真，眼见也不一定为实。很多时候，我们看到的“真相”只是冰山一角，事情的真相藏在海里，压根都没有显露出来。按照自己看到的所谓的“真相”，肆意评论是非，未免太过肤浅。

从心理学层面看，眼见为实也是值得商榷的。

在知觉的一些组织原则上，往往会产生一些错觉，就是对客观事物不正确地知觉。虽然你亲眼看见了一些东西，但那未必是真的。比如：坐在停靠在车站的火车上，看着另一辆从车站开出的火车时，总会觉得站台在移动的那辆火车是静止的，这是站台错觉，是因为两个对象的空间相对关系发生了改变，而又缺乏更多的运动知觉的参考体。

美国加州理工大学的教授在最近的一项研究中发现，视觉给予的信息会受到观察者的主观因素的影响。在这项研究中，研究者站在校园里的一个山坡底部，而后让来往的学生预估山的倾斜度，预估方式有两种：其一，看着山坡，让一条板子的边缘摆成平行于山坡的方向，由此来估计山坡的坡度；其二，不看山坡，用同样的方式来估计山坡的坡度。

在第一种预估方式中，被试学生们更多地依赖于视觉线索，由此导致高估了山坡的坡度；在第二种预估方式中，被试学生们估计的山坡坡度是非常准确的。令人惊讶的是，在第一种情况下，被试者的高估程度会随着被试者的状态而加重，特别是被试者刚参加完长跑，背着很重的包袱，或是身体虚弱时；而他们在不看山坡的情况下，预估却是很准确的。

通过这个结果，研究者得出一个规律：当被试者感觉自己的身体状态较难应对这个斜坡时，他们倾向于估计山坡更陡峭，而这种策略是无意识地反映在被试者的视觉系统里的。换句话说，我们的视觉并不是完全客观的，而是在一定程度上反映着我们的心理状态。

你可能想不到，记忆是一个大骗子

人生的大事小事，都与记忆撇不开关系。没有记忆，就如同失去了大脑，生活也丧失了意义。每个人都能说出脑海里留存的一抹又一抹记忆，可对于记忆本身我们又了解多少呢？

记忆，是过去的经验在人脑中的反映。由于记忆，人才能保持过去的反映，才能积累经验、扩大经验，把先后的经验联系起来，使心理活动成为统一的过程，形成个体的心理特征。

记忆有短时记忆和长时记忆两种。

短时记忆是信息从感觉记忆到长时记忆的一个过渡阶段，对信息的保持时间约为一分钟作用，比如看到一个新的电话号码，当时能记下来，但过后想要用的话，还得翻开记录。

长时记忆是指存取时间在一分钟以上，直到许多年甚至终身保持的记忆。大部分的长时记忆都是对短时记忆内容的加工。虽然长时记忆存储在头脑里，但在提取时会受到时间和各种原因的影响，比如你看到多年未见的同学，看着对方很面熟，却叫不出名字。

有人会问：记忆这个东西，是不是完全可靠呢？这个还真不一定。

德国心理学家艾宾浩斯通过对无意义音节的记忆实验的记录，发现了一种普遍存在的遗忘规律，即“艾宾浩斯遗忘曲线”：在学习的20分钟后，遗忘达到了41.8%，而在6天后遗忘达到了74.6%。所以说，记忆随着时光流走，遗忘一直都在发生。

顺便解释一下，人为什么会遗忘？

我们都知道，把信息存在计算机的硬盘里，只要不出现故障，它会一直待在那里。人脑为什么不能像计算机一样，永不遗忘呢？有人说，这是因为脑中的记忆随着时间的推移减弱了，也有人认为是因为学习过程中受到了其他因素的干扰。

不少研究证实，长时记忆的遗忘，有自然消退的原因，但更主要的是由信息间的相互干扰造成的；一般来说，先后学习的两种材料越相近，干扰作用越大。几乎所有长时记忆的遗忘，都是由于某种形式的信息提取失败。

除了上述这种传统性的遗忘，记忆还会发生下面这些现象：

虚构——谈论一些事情时，就像是真的发生过一样，其实这些东西都是想象出来的，以此填补记忆缺陷。严重的虚构是器质性脑病的特征之一，与病理性谎言不同，后者只是喜欢幻想，想靠制造虚假的经历博得他人的同情和关注。

错构——事件是真实发生的，但在追忆的过程中加入了一些错误的细节。

屏蔽——个体对童年时发生的，与某种重大的或伤害性的事件有一定联系的平凡小事的记忆，通过对这件小事的回忆，不自觉地抑制或阻碍对那个重大的或伤害性事件的回忆，掩盖其他记忆及相关的情感和驱力，借此防御痛苦体验的再现。

选择性记忆——只记忆对自己有利的信息，或只记自己愿意记的信息，而其余信息往往会被遗忘。这种记忆上的取舍，就叫选择性记忆。

情绪性记忆闪回——那些激起我们强烈情绪的事件，会让我们记得更清楚，你越是想忘记，越是记得深刻，比如恐怖袭击、刻骨铭心的虐恋等。

现在，你还敢完全相信自己的记忆吗？

智力是与生俱来，还是靠后天培养

据说，爱因斯坦在20世纪时出过一道智力测试题，声称只有2%的人才能给出正确答案。想不想测试一下，看看自己是否属于那2%？题目如下：

1. 有五座不同颜色的房子在同一条街上。

2. 这五座房子里分别住着不同国家的人。

3. 每个人饲养着不同的宠物，喜欢喝不同的饮料，抽不同牌子的香烟。

请根据下面的提示判断：养鱼的是哪个国家的人？

提示1：红色房子中住的英国人。

提示2：养狗的是瑞典人。

提示3：喜欢喝茶的是丹麦人。

提示4：白色房子左面的是绿色房子。

提示5：喜欢喝咖啡的是绿色房子的主人。

提示6：养鸟的人喜欢抽Pall Mall香烟。

提示7：抽Dunhill香烟的是黄色房子的主人。

提示8：喜欢喝牛奶的人住在中间的房子里。

提示9：住第一间房的是挪威人。

提示10：住在养猫的人隔壁是抽Blends香烟的人。

提示 11：抽 Dunhill 香烟的人隔壁是养马的人。

提示 12：喜欢喝啤酒的人抽 Blue Master 香烟。

提示 13：抽 Prince 香烟是德国人。

提示 14：住蓝色房子隔壁的是挪威人。

提示 15：爱喝水的人住在抽 Blends 香烟的人的隔壁。

现在，公布测试题目的正确答案：养鱼的是德国人。你答对了吗？

为什么在这一节内容中，我们要引用爱因斯坦的智力测试题？

没错，因为爱因斯坦是一位公认的天才，智商极高。多年以来，智商的高低究竟是遗传因素还是环境影响，一直是心理学界争论不休的问题；而作为高智商的特殊人物，爱因斯坦的大脑结构是不是跟常人有所区别，也是很多人好奇的焦点。

庆幸的是，爱因斯坦去世后，研究者征得了其家人的同意，有机会对爱因斯坦的大脑进行全面的研究。英国著名生理学家威廉·哈维，将爱因斯坦的大脑保存了四十多年，还成立了威尔特森研究小组，把爱因斯坦的大脑和 99 名已死的老年男女的脑部进行比较，结果显示：爱因斯坦大脑左右半球的顶下叶区域，比常人大 15%，非常发达！

大脑后上部的顶下叶区域，直接影响着一个人的数学思维、想象能力以及视觉空间认识。爱因斯坦在这个生理区域上的特殊性，解释了他为什么具有独特的思维，才智过人。

研究还发现，爱因斯坦的大脑，表层的很多部分没有回间沟。回间沟是干什么的呢？它就像是脑中的路障，使神经细胞受阻，难以互相联系。没有了这些障碍，神经细胞就能畅通无阻地联系，大脑的思维自然会很活跃。

那么，这是不是意味着，爱因斯坦的高智商，就是因为他的大脑结构和常人不同所致，完全不受外在的社会文化因素影响？当然不是。

众所周知，爱因斯坦是犹太裔。科学家格雷戈里·科克伦博士认为，犹太人比其他人类族群更聪明，导致这一结果的原因是自然选择。犹太人一直生活在动荡不安的环境中，早期遭受过罗马统治的压迫，中世纪遭受法律歧视，只好从事与金钱相关的职业，不允许与非犹太人通婚，等等。科克伦博士强调，欧洲犹太人从事的职业都是高度重视智力因素的职业。

所以，对于智力到底是由什么决定的，不能一概而论。从客观上来说，智力既有基因的作用，也跟文化、教育、环境息息相关。如果人们能够努力改变生活环境、工作环境、学习环境，接受良好的教育，完全是可以让智力获得发展的。

错误是学习的机会，在试错中成长

美国心理学家桑代克是动物心理学的开创者，他通过多次实验发现：小动物在死胡同里转来转去的时候，偶尔会找到出口，逃出困局，但需要花费很长的时间；经过多次尝试，它们寻找出口的时间会逐渐缩短；再经过一段时间的训练后，它们会很快找到出口，成功逃出。

桑代克指出，小动物们是没有推理逻辑的，它们之所以能够逃出困局，主要在于不断地尝试，有了失败的经验后，不会再犯同样的错。据此，他推断出，学习其实就是机体的“刺激”与“反应”之间的联结，是一种不断积累错误行为的过程。换而言之，动物的学习是一种渐进的、盲目的、不断尝试和减少错误，并最终在刺激与反应之间形成联结的过程。这个过程叫作尝试错误，简称试误说。

这个实验对我们有现实启示吗？有的！桑代克指出，人类的学习也是通过尝试错误的途径实现的。在尝试—错误学习中，行为的后果是影响学习最为关键的因素。如果行为得到了强化，证明尝试是正确的，行为就会保留下来，否则就会作为错误尝试而被放弃。

尽管桑代克的学习理论带有一定的机械性，将人的外部行为分解成最简单的要素，即刺激—反应，忽视了对心理元素和意识的研究。不可否认的是，他发现的试误现象是一种普遍存在的事实，也是人类解决问题的一种方式或途径。同时，他也让我们再次看到了一个事实，犯错不可怕，人都是从尝试—犯错—纠正的过程中，一步步成长起来的。

令人遗憾的是，现实中有不少人因为害怕犯错，故而放弃了对新鲜事物的尝试，也放弃了对自我潜能的开发。更令人痛心的是，许多父母在教育子女的时候，也违背了试误说的规律。孩子一出错就横加指责，甚至不问原因，不给孩子解释的机会。结果，孩子开始厌恶经常被批评和指责的那件事，心生恐惧，拒绝尝试。

在教育子女这件事上，父母真的有必要学习并遵循试误说的规律。如果父母能够针对孩子的努力给予正向的反馈，那么孩子就会乐于继续尝试，这个错误也会随着尝试的次数而逐渐减少。

那么，父母在生活中该如何遵循试误说的规律呢？

第一，当孩子犯错时，不要立刻指责纠正，或是大发雷霆。这样的话，很难让孩子真正认识到错误，且容易打击孩子的自信。试着先按下情绪暂停键，待双方的情绪都恢复正常状态后，再跟孩子进行交流和沟通。

第二，在孩子进行尝试时，父母责骂和批评会让孩子自尊心受挫、畏惧尝试，此时父母要对孩子进行必要的鼓励和正向的引导。心理学研究显示，对孩子进行适度表扬可以对学习起到促进作用，对错误进行反馈和正向评价也能让孩子正确认识到错误的作用，提升孩子的抗挫能力。

第三，当孩子遭遇挫败时，教会孩子应对逆境。挫折是人生中必经的历程，孩子能否从失败中走出来，是对其逆商的一种考验。作为父母，在孩子受挫时要给予心理上的支持，以及现实中的帮助，这里推荐保罗·史托兹在《逆商》中提到的“LEAD”工具：

· L（Listen）：倾听自己的逆境反应。教会孩子识别逆境，在面对困难时，感受一下自己的真实想法，是愤怒、沮丧还是失落，尽力去感知它。

· E（Explore）：探究自己对结果的担当。遇到这个困难，能不能独自面对？最糟糕的结果是什么？分析有哪些责任是自己的，需要承担什么，不需要承担什么？

· A（Analyze）：分析证据。待情绪平复后，询问孩子为什么这次的困难和失败会让他感到无助，让他失控？哪些原因是事实，还是他自己的想法？

· D（Do）：做点什么。让孩子找回对环境的掌控感，勇于尝试自己解决问题，通过思考和行动来提升逆商。

人生最大的错误，就是不允许犯错。无论对自己还是对孩子，希望我们都能够有一颗包容的心和一个冷静的脑。试错是探索世界的一种方式，更是成长的必经之路，敢于犯错、不怕尝试，才能走得更远，学会更多。

出现感知障碍时，一定要提高警惕

教育家蒙台梭利说：“儿童的所有智力都是从感觉发展到概念，智力中没有一样东西不是最初源于感觉。”感觉和知觉是人生最早出现的认知过程，也是我们认识世界的开端，其重要性不言而喻。如果一个人感觉或知觉出现了异常，会发生什么事呢？

· 感觉障碍

你有没有听说过这样的情况？一个人好端端的，非说自己的皮肤上有虫子爬动的感觉。经过一系列的检查后，医生和家人发现他的皮肤没有任何问题。类似这样的情况，就属于感觉障碍，在心理学上称为“内感性不适”。

所谓感觉障碍，就是指在反映刺激物个别属性的过程中，出现了困难和异常的变态心理现象，常见的感觉障碍有四种：

1. 感觉过敏，对外界刺激的感受能力异常增高，如神经衰弱；

2. 感觉减退和感觉缺失，对外界刺激的感受能力异常下降，如有时手流血却没觉得疼；

3. 感觉倒错，对外界刺激物的性质产生错误的感觉，如把痛觉误认为触觉；

4. 内感性不适，对来自躯体内部的刺激产生异样的不适感，如蚁爬感、游走感。

不可否认，机体在正常运转时，会产生一些微弱的感觉，但正常人不会特别在意。如果是抑郁症、神经症和精神分裂症患者，就会反应特别大，这可能是他们过分关注自己的感觉，也可能是由于神经亢进引发了强烈的感觉。

通常来说，抑郁症和神经症患者所描述的体感异常，大都是可以理解的，不会让人觉得很奇怪，甚至相信它是存在的。但有些患者就不一样了，他们觉得自己身体内部的某一个器官出现了异常，如觉得肝脏破裂了，肠子扭转了，发生的部位和性质比较明确，这属于内脏性幻觉，是知觉障碍，而不是感觉障碍了。

内感性不适和内脏性不适是有区别的：前者不适出现的部位不明确，能让人理解；后者发生的部位明确，会让人觉得很荒谬。当然了，无论是哪一种，都是心理作用的结果，在排除疾病原因的情况下，还需配合心理医生的治疗。

· 知觉障碍

一位来访者讲到，朋友要来家里看她，她高兴地在厨房里准备着丰盛的美食，心里想着对方什么时候会来？突然间，她隐约听见了“敲门声”，赶紧跑过去开门，结果外面什么人也没有。她感到很不安，怀疑自己出现了幻听，更担心自己患了精神疾病。

其实，这样的现象很正常，就是心里太期待朋友到来了，继而产生了幻觉，实则是暗示的作用。这跟精神分裂导致的幻觉，完全是两码事。如果真的是精神分裂症，患者在产生幻觉的同时，往往还伴随着妄想等症状。比如，有的人会觉得脑子里有人说话，指使他去做一些事情，自己受他人所控制，这种情况就需要就医了。

通常来说，幻觉多是病理性的，是指没有相应的客观刺激时所出现的知觉体验。换句话说，是一种主观体验，虽然没有相应的现实刺激，可就患者的自身体验而言，他并不感到虚幻。这是严重的知觉障碍，如果一个人多次出现幻觉，必须及时进行心理障碍诊断，不然的话，很有可能会在幻觉的影响下作出一些出人意料的事，很危险。

请不要剥夺孩子感受世界的权利

置身在丰富多彩、纷繁复杂且不断变化的世界中，光线、景物、声音、气味、物体的形状、轻重、冷热等，都是借助视觉、触觉、嗅觉、听觉、味觉等反映出来的。我们对于感觉并不陌生，感觉是所有心理活动的开始，也是我们认识世界的起点。

心理学对感觉的定义是，人脑对事物的个别属性的认识，是来自外界的刺激作用于人的感觉器官产生。我们对客观世界的认识，通常都是从认识事物的一些简单属性开始的，头脑接受并加工了这些属性，进而认识了这些属性，就形成了感觉。

当大脑对某种事物产生感觉后，再利用过去的经验和知识对这些感觉进行整合与解释，从而形成对该事物的整体认识，使其获得某种意义，这个心理过程就叫知觉。

我们可以借助一个简单的例子来诠释感觉和知觉的关系：看到一张五官精致、身材姣好的女子照片，感觉（视觉）告诉我们，她长着一双明亮的眼睛，有长长的睫毛，以及一头乌黑的长发；而知觉根据我们过去的经验和知识告诉我们，这位女子长得很漂亮。

现实生活中，人们通常都是以知觉的形式直接反映客观事物，感觉只是作为知觉的组成部分存在其中，感觉和知觉统称为感知。知觉产生在感觉的基础上，没有感觉，也就没有知觉。两者都是人类认识世界的初级形式，反映的是事物的外部特征和外部联系。如果想要揭示事物的本质，还要在感觉和知觉的基础上进行更复杂的心理活动，如记忆、想象、思维等。

尽管感觉是一种简单的心理活动，但它至关重要。只不过，对于习以为常的东西，我们往往会不自觉地忽略它，直到失去的时候才意识到没有它是痛苦的。生活中，你肯定有过这样的经历：患了严重的感冒时，头痛鼻塞一股脑全来了，嗅觉和味觉变得很迟钝，平常很喜欢吃的食物，到了嘴里变得食之无味。这个时候，你不禁感叹，原来“能吃”真的是福。

感觉对我们的重要性，远比想象中要大。对一个正常人来说，没有感觉的生活是难以忍受的。在缺乏刺激的环境中，不仅会引起厌烦，还会产生强烈的痛苦感，损害身心健康。

这绝不是妄自断言。1954年的时候，加拿大麦克吉尔大学的心理学家进行过一次“感觉剥夺实验”：被试者安静地躺在实验室里，戴上护目镜，以单调的空调声音限制其听觉，手臂被套上纸筒套袖和手套，腿脚被固定住……总之，所有来自外界的刺激都被“剥夺”了。

起初，被试者还能安静地睡着，可是没过多久，糟糕的状况就出现了。他们会感到烦恼、恐慌、失眠、不舒服，甚至产生幻觉。虽然被试者当时每天能得到20美元的报酬，可就算是这么有诱惑力的条件，依然让他们难以坚持三天以上。被试者在实验室里待了三四天后，均出现了错觉、幻觉、注意力涣散、紧张焦虑等问题，实验后需数日才能恢复正常。

这个实验说明，来自外界的刺激对维持人的正常生存非常必要。感觉是心理的基础，当一个人的感觉获得充分的发展时，整个心理的发展才会顺利。人的感觉是人与自然、人与客观世界连接的第一步，有了感觉才会有知觉，才能准确了解外部世界。

理解这一点，对我们有什么实用价值吗？当然有！

爱孩子是父母的本能，但教育孩子却是需要后天习得的能力。现实生活中，不少父母对孩子过分宠溺，凡事都包办代替，书包帮忙拎、鞋带帮忙系、怕摔不让跑、怕烫不让摸，各种限制令摆在脸上，并给这些限制令贴上一个大大的标签——“爱”。

这真的是“爱”吗？看似是为了孩子好，担心他们受到伤害，殊不知这种做法是把孩子与外界隔离开了，剥夺了他们的感觉。也许眼下的这一刻，孩子是安全的，但不良后果已经在酝酿中，它只会迟到，不会缺席。

爱孩子，就把感觉还给孩子。不要剥夺孩子的感官基础，让他们调动所有的感官去感受成长中的酸甜苦辣、喜怒哀乐。物有本末，事有始终，人的成长与发展也有阶段性的特征，教育要遵从其内在的成长规律。孩子拥有自己的成长空间，才能够成为真正健康独立的人。

CHAPTER 3

探索自我：最熟悉的陌生人

认识自己是世界上最难的事情

古时候，有个衙役押送一个罪犯到边疆。

这个衙役有点儿糊涂，记性也不好，每天早晨上路前，都得清点一下重要的东西。他先摸摸包袱，告诉自己："包袱在。"再摸摸罪犯的官府文书，告诉自己："文书在。"而后摸摸罪犯身上的枷锁，说："罪犯在。"最后再摸摸自己的头，说："我也在。"

一连多日，衙役都在重复这个过程。狡猾的罪犯发现了其中的规律，就想到了一个逃跑的好办法。晚上，他们在客栈住下，吃饭的时候，罪犯不断地给衙役劝酒，结果衙役喝得酩酊大醉，呼呼睡去。罪犯找了一把刀，把自己身上的绳子系在衙役身上，就跑掉了。

第二天早上，衙役醒了，他开始清点物品。"包袱在""文书在"，可是"枷锁呢？"衙役有点着急，忽然他看到自己身上的枷锁，瞬间就放松了，"噢，罪犯也在。"可是，忽然他又紧张起来："我呢？我哪儿去了？"

听起来，这似乎有点儿不可思议，衙役怎么能愚蠢到这个地步呢？其实，这个笑话的背后隐藏着一个值得深思的问题：我们真的认识自己吗？我们眼中的自己是真实的自己吗？认识自己，在心理学上称为自我知觉，是指人们对自己的需要、动机、态度、情感等心理状态以及人格特点的感知和判断，如：知道自己具有什么样的能力？能够做什么样的事情？自己的人生方向在哪儿？准确的自我知觉，可以有效地帮助我们进行社会调试，让心理和行为朝着良好的方向发展。

一个人越了解自己，就越有力量，因为知道如何扬长避短，更好地发挥出自己的潜力。然而，认识自己是很难的。毕竟，没有人能够做到时时刻刻去反省自己，也不可能总是把自己放在局外人的位置来观察自己。于是，我们就习惯借助外界的信息来认识自己。可是，外部的环境不稳定，复杂多变，这就使得我们在认识自我的时候，很容易受到外界信息的干扰或暗示，从而无法正确地认识自己。

想要真正地认识自己，需要经常认真地自省和反思，了解自己的本性及其变化；还要参考他人的态度和评价，在听完他人的意见后，对自己进行分析。我们永远不能把自己的脑子交给别人，一定要保持清醒独立的思考。同时，还要多学习和了解心理学知识，透过行为表象去探究内在的自我，因为潜意识往往比我们更了解自己。

潜意识操控你的人生，你却称其为“命运”

荣格说：“你的潜意识操控着你的人生，而你却称其为命运。当潜意识被呈现时，命运就被改写了。”

什么是潜意识呢？这是一个心理学术语，指人类心理活动中，不能认知或没有认知到的部分，是人们已经发生但并未达到意识状态的心理活动过程。

弗洛伊德认为，人类的意识就像一座冰山，露出水面能看到的部分是意识，比如：知道自己喜欢什么、想做什么，但它只占整个意识的一小部分。真正让我们产生冲突和纠葛影响的，是隐藏在水面下的那一部分冰山，也就是潜意识。所谓的前意识，就是从潜意识过渡到意识的这一部分。

我们的行为通常都是为了实现自己所期待的结果，这使得我们相信，是意识决定着我们的行为。然而，这并不是事实。更多的时候，我们是在自己都不知道想干什么的情况下作出行动的。也就是说，是潜意识决定着我们看待事物的观点，控制着我们的行为和选择，保存着我们创伤的经验、信念和限制，以及一切有关我们生命的秘密。

也许你认为，没有谁比你更了解自己；可现在你应该明白，潜意识比你更了解你自己。我们的一生都在被潜意识无形地操控着，如果不了解潜意识，就只能被它牵着鼻子走，哪怕是深陷痛苦，也难以自拔。

身材高挑、长相秀美的Candy，在一家知名的学校做英语教师，教学成果有目共睹，深得领导的赏识。她有不错的工作和收入，按揭买了一套小房子，贷款基本已还清。在外人眼里，这是一个令人羡慕的优秀女性，然而当这样一位女性在走进心理咨询室后，开口说的第一句话竟是："我很自卑，希望您帮帮我。"

通过几次的谈话，Candy把她过往的那些经历碎片，逐渐拼凑成了一幅完整的画面。

Candy自幼父母离异，母亲因为工作原因，把她寄养在舅舅家，每月支付费用。寄人篱下的Candy，从小就学会了察言观色，舅舅或舅妈一个不耐烦的眼神，一个不悦的表情，都让她神经紧绷，哪怕对方的糟糕情绪并不是因她而起。

舅舅家的表妹，比Candy小1岁，小孩子之间偶尔会闹不愉快，表妹可以任性哭闹、向父母撒娇告状，Candy就算是受了委屈也默不作声，因为妈妈每次都在电话里叮嘱她："要听舅舅和舅妈的话，不要跟妮妮（表妹）吵架。"

本该是肆意绽放童真的年纪，Candy却生活得小心翼翼。为了让妈妈放心，让舅舅和舅妈也认可自己，Candy把学习当成了唯一的救命稻草。她是班里公认的学霸，多项比赛都拿过奖，从小学升初中到高中考大学，一路重点，以高分进入名校。可她内心深处始终住着一个自卑的"小女孩"，她经常不受控制地去否定自己。

Candy说："似乎只有比别人做得好很多，我才觉得踏实。我在同事和领导面前一直谨言慎行，生怕自己哪句话说错了，或是哪件事做得不恰当，惹人讨厌。我一直觉得自己要足够优秀，才能被人喜欢。不敢接受那些条件比自己好的男生的追求，我担心他们不会喜欢真实的我，也害怕将来有一天会被抛弃……”

现实中的Candy非常优秀，但那都是意识作出的理性选择，而在潜意识层面，她是怯懦而卑微的，对自己充满了怀疑和否定。庆幸的是，她勇敢地踏上了自我探索之路。在咨询师的陪伴下，Candy了解了自己潜意识里的那个错误信念——优秀才值得被爱，然后开始重塑正确的信念——不是非要足够优秀、成就突出，才有资格自信；也不是不够优秀、不够完美，就得自我批判、自我羞辱。慢慢地，当全新的意识转化为潜意识时，Candy就获得了成长与蜕变，其行为模式也就产生了变化。

如果没有契机让Candy看到自己潜意识里的不合理信念，那么她的人生就会顺着那条自卑的河流，将她冲到怯懦、无助和不幸的岸头。那是命运使然吗？不，是潜意识的操控。

要知道，一旦我们的潜意识接受了某种观念，就会立刻实践这种观念，调动所有的力量去实现目标，无论这种观念是对是错，是好是坏。从这个角度来说，潜意识接受的这个观念是正面还是负面，直接影响着我们的人生。如果命令是负面的，它就会带来失败、屈辱和痛苦；如果命令是积极的，它就会带来健康、成功和财富。

为什么理性自我总是败给感性自我

明知道自己超重该减肥了，却还是忍不住吃高热量的蛋糕；明知道早起运动可以增强体质，却赖在温暖的被窝里不肯动；明知道该早点完成任务，却还是不停地刷抖音……在经历这一切的时候，很多人都责备过自己：道理全都懂，为什么总是管不住自己？别人的自律看起来轻而易举，而自己却总是半途而废？

亲爱的，如果你正陷在这样的处境中，内心被自责与愧疚占满。现在，希望你停止对自己的苛责与厌恶，因为这并不都是你的错。

有一种更为形象的描述，即心理学家乔纳森·海特在《象与骑象人》中所说："我们的心理，有一半正如一头桀骜不驯的大象，另一半则像是坐在大象背上的骑象人。"

乔纳森·海特认为，人的心理有两套系统，一套是自动化系统，一套是控制化系统，两者的关系就是"象与骑象人"。大象是心理上的感性自我，而骑象人是心理上的理性自我。

大象很简单，不考虑对与错，只考虑喜欢和不喜欢。感觉舒服的、喜欢的就去做，感觉不舒服的、不喜欢的就尽量摆脱。骑象人骑在大象的背上，手里握着缰绳，思考着对与错的问题，俨然一副指挥者的样子。在有关自身发展的道路上，它经常会理性地引导大象走在更长远的道路上。

遗憾的是，骑象人对大象的控制水平并不稳定，时好时坏。如果大象与骑象人对于前进的方向出现了分歧，那么骑象人注定会落败，丝毫没有还手的余地。毕竟，跟很重的大象比起来，骑象人显得微不足道，它的胜利只是意外，大象的胜利才是日常。

理性自我之所以难以战胜感性自我，是因为我们的大脑在进化的过程中，依然保留了最原始的古老脑和哺乳脑，也就是控制身体肌肉、平衡、自动技能以及情绪的脑。当感到压力的时候，古老脑和哺乳脑就会占据主导作用，只有在情绪顺畅的时候，理性才能得以运转。

这就是为什么有些人制订了计划，却总是三分钟热度，或是直接选择不行动、不作为。不是意志力不够，而是心理的感性自我在抗拒，因为本我是趋乐避苦的。

那么，怎样才能让本我与超我友好相处，让大象与骑象人朝着共同的目标行进呢?

这个任务就要交给自我了！自我，即基于本我产生的，在自我支配下，会运用已经学到的规则约束本我，但同时又用现实的客观条件来调节本我和超我之间的矛盾，让自己既能理性地获得快乐，又能避免痛苦。所以，自我通常都是按照现实的原则来支配行动。

对我们而言，理性与感性的碰撞不可避免，而骑象人总是无奈地败下阵来，这也是既定的事实。想要对付大象，用蛮力是行不通的。相信你也试过，狠狠地批判自己懒惰，调动自控力去克制某种本能的欲望，结果却遭到了更强烈的“反击”。

这无疑提示着我们，面对强大的对手，智取胜过强攻。我们要试着靠近大象，了解大象，摸清大象的脾气，知道它想表达什么，以及它的行为模式，找到其中的规律，才能触动大象。最简单实用的方法就是“小步子原理”，即现在改变的路上迈出小小的一步，让自己先获得一个小小的成功，从而让感性自我体验到成功的喜悦，让改变先发生。

这个步子要小到什么程度呢？小到没有失败的可能！比如，你正发愁自己无法养成阅读的好习惯，那就从每天读一页书开始吧！如果你正苛责自己不能规律运动，那就从每天跳绳 1 分钟开始吧！重视本我的感受，与内心的“大象”和平相处，它才会乖乖听话喔！

每个人都想表现出理想化的自己

一个酒鬼刚走进酒吧，就被一个修女拦住，告诉他酒是罪恶和毁灭的根源。

酒鬼问修女："你怎么知道喝酒不好？"修女没有回答。

酒鬼又问修女："你从来没喝过酒吗？"

"没有。"修女答道。

"那我们一起进去，我请你喝一杯，你会知道酒不是坏东西。"

修女想了想，说："好吧！只是我这样进去的话，别人容易误会。这样吧，你进去之后帮我要一杯就好，记住要用纸杯。"

走进酒吧后，酒鬼对侍者说："给我两杯威士忌，一杯用纸杯。"

侍者嘟囔着："准是那个修女又在外面！"

你一定看明白了，其实那个修女是很喜欢喝酒的，只是碍于自身的社会角色，为了让饮酒的行为不受他人的批评，她选择了迂回的策略，防止自己的"人格面具"受到破坏。

人格是指一个人与社会环境相互作用表现出的一种独特的行为模式、思维模式和情绪反应的特征，而人格面具是指是一个人公开展示的一面，是个体内在世界和外在世界的分界点，往往通过身体语言、衣着、装饰等来体现，告诉外部世界我是谁，以便表现出理想化的自我。

人格面具是有多重性的，在家里你可能是丈夫、儿子、父亲，但在职场上你可能又是领导、下属、客户等。所佩戴的面具不同，人的行为方式也会表现出差异，如一个严厉的领导，在面对孩子时，却是温和的长辈。这样做的目的，是为了让我们的行为更符合社会规范。当然了，如果一个人过分沉溺于自己所扮演的角色，认为自己就是自己扮演的角色，以致受到人格面具的支配，就会离自己的天性越来越远。

薇薇安是一家美容杂志的编辑，自身条件优渥，硕士学历，经济独立。她来咨询的时候，刚刚结束维系五年的婚姻。听她讲述，前夫其貌不扬，家境也不太好，只身一人在城市工作，无依无靠。薇薇安对前夫的喜欢程度不是很浓烈，充其量就是聊得来，觉得他成熟稳重。

当被问及为何要嫁给一个各方面条件都不太称心的人时，薇薇安提到一个关键点："和他在一起很安全，永远不用担心被抛弃……"那时候，薇薇安对自己的理解是：我不介意他的外表，也不介意他的经济条件，只要对我好就够了。她在前夫面前呈现出的形象，是一个独立有思想、善解人意、没有世俗气息的女人。

生活是无比现实的。婚后，薇薇安勤恳努力，前夫却愈发懒散，甚至辞掉了工作，完全靠薇薇安养家。感到身心俱疲的时候，薇薇安也不敢停下脚步，强忍着疲累往前走。看到身边的女性朋友陆续成家，薇薇安的情绪波动越来越大，她开始质问：我到底哪里不如别人呢？为什么我感觉身后空无一人，没有可喘息、可停靠的岸？当这些念头冒出来时，薇薇安又会把它们压下去，这让她感觉自己"不好"，甚至给自己贴上"爱慕虚荣"的世俗标签。

就这样，薇薇安一边忍受着来自现实的痛苦，一边压抑着真实的感受，在所有人面前故作坚强，明明已经筋疲力尽了，却还假装可以独自应对来自生活的千军万马。促使薇薇安结束婚姻的导火索，是她在怀孕 2 个月时因劳累流产。她对婚姻生活彻底无望了，带着受伤的身心，离开了那段纠结而痛苦的亲密关系。

薇薇安之所以不敢选择一个势均力敌的伴侣，是因为不相信自己可以拥有，内在的她有一种不配得感。她出生在一个重男轻女的家庭，从小被父母忽略，为了赢得父母的好感，她努力表现出懂事的模样，即便有需求也不敢提，害怕被拒绝，或是不被父母喜欢。

心理学家卡伦·霍尼提出过一个理论：当儿童担心自己不被父母或他人认可时，就会产生强烈的焦虑与不安。于是，他们会在幻想中创造出一个他们认为的、父母喜欢的“自我”，来缓解这种焦虑。这个假想自我通常是完美的，优秀、聪慧、美丽、懂事。然后，他们会极力地维持幻想中的形象，害怕别人看到幻想背后真实的自己。

很多人都和薇薇安的处境相似，既渴望活出真实的自己，又害怕看见真实的自己；既希望被理解和接纳，又不敢把真实的自己呈现出来。最后，吸引来的自然就是不喜欢的人、无法活出自己的生活。因为从一开始，你就不是在用真实的自己与外界的人、事互动。

你可能会问：要怎样才能够不被人格面具束缚，敢于呈现真实的自己？

以形象为例，你可能嫌弃自己胖，嫌弃自己腿粗，嫌弃自己的身材比例，那么现在，你要做的就是——关注镜子里的自我形象，试着对自己说：“不管我有什么样的缺陷，我就无条件地完全接受，并尽可能喜欢我自己的模样。”

你可能觉得不可思议，明明不喜欢那些缺陷，为什么要接受？如何接受？

首先，你承认镜子里的那个形象就是你自己的模样，接受这个事实，会让你觉得舒服一点。有些部分可能符合你的完美标准，有些部分则不怎么耐看……这时，你不能逃避，不要抵触和否认，而是要放弃完美，放弃“公有化”的标准——即众人眼里、口中说的美好，你要用自己的标准来看待自己。这样，你才能够接受自己，肯定自己，关爱自己。

人格只有不同，没有优劣好坏之分

在解释人格这个问题上，心理学界有诸多理论，几乎不同时期都有不同的说法。比较著名的理论，是公元前五世纪时希腊医生希波克拉底的理论，他把人格分成了四种类型：血液质、粘液质、黑胆质和胆液质。

血液质：情感和行为动作发生得快，变化得也快，总体上较为温和。

（代表人物：《红楼梦》里的王熙凤）

粘液质：情感和行为动作进行得比较迟缓，稳定，缺乏灵活性。情绪不外显，遇到不愉快的事情也不动声色。

（代表人物：《三国演义》里的曹操）

黑胆质：情感和行为动作进行得相当缓慢，柔弱，多愁善感，体验相当深刻，隐而不露。

（代表人物：《红楼梦》里的林黛玉）

胆液质：情感和行为发生得迅速，而且强烈，性格开朗，热情坦率。

（代表人物：《三国演义》里的张飞）

现实中，不是每个人的气质都能归结于某一种气质类型，除了极少数人具有某种气质类型的典型特征外，绝大多数人都偏于中间型或混合性，只是某种气质相对突出一些而已。

有些时候，我们习惯被所谓的人格缺点和不足束缚，不愿接受自己是某一种人格的可能。说到底，这种不愿意背后隐藏的是不敢面对内心的恐惧。事实上，人格并不存在好坏之分，九型人格也从来没有对人格特征进行过好坏的评价，人格只有不同，仅此而已。那些所谓的好与坏、优与劣，都是人为的评价，太过在意的话，可能会错失认识真我的机会。

19 世纪末的一天，在布拉格的一个贫穷的犹太人家里，诞生了一个男孩。这个男孩从小性格就很内向，略带怯懦，还十分敏感多疑，总觉得周围的环境对他产生了威胁和压迫，对任何人、任何事他都心存戒备。在别人看来，他和男子汉的形象大相径庭。

男孩的父亲很强势，竭力想把他培养一个符合世俗标准的、顶天立地的男子汉，希望他有雷厉风行、宁折不屈、勇敢坚毅的品行。父亲对男孩实施了粗暴、严厉的教育，但结果并不理想，男孩非但没有变得坚强，反而更加地怯懦和自卑，彻底丧失了对生活、对自己的信心。在彷徨和痛苦的叠加中，他一天天地长大，而这种性格也让他每天都在察言观色，独自躲在角落里默默地吞噬和消化那些不为人知的苦楚。

在任何人眼里，这样的孩子似乎都是没多大出息的。他不可能成为冲锋陷阵、勇敢杀敌的军人，部队还没有开拔，他可能就成了逃兵；他也不可能成为政客，因为缺少勇气和决断力；他更不可能成为律师，在法庭上与人滔滔不绝地辩论，像斗鸡一样竖起雄冠……他的自卑，他的怯懦，俨然成了人生的悲剧。

然而，这只是绝大多数人对内向性格者的评价，以及对其未来的猜想。现实是，这个男孩后来成了世界最伟大的文学家，你一定也听过他的名字——卡夫卡。

看到这里，你还会认为人格有好与坏之分吗？你还在厌恶自己身上的某些特质，试图去改变自己的性格吗？千万不要这么做，要改变性格是很艰难的，与其去抗拒它，不如顺势而为。人格不存在好与坏，只有不同而已。

性格内向、略带怯懦的人，内心世界往往是很丰富的，能够敏锐地感受到别人感受不到的东西。如果非要去做律师和军人，他必然会成为那个世界里的懦夫；如果去做精神领域的工作，他就会成为那个世界里的国王。卡夫卡选择了后者，他以明净的文笔、奇诡的想象，以及对生活的巨大洞察力，用怪诞的形式展现出了他的创作潜能。

不要戴着有色眼镜去看任何一种性格特质，畏首畏尾的背后是谨小慎微的作风，我行我素的背后一定有豪放的胸怀，行为鲁莽的背后藏着的是勇敢的闯劲儿……每一种性格都有其价值，每一种性格都有成功的途径，前提是你能够准确识别它，并发挥出其独特的优势。

别再为自己的性格烦恼了，朝着性格优势的方向去发展，不必痛苦地改变，只要稍稍改善，性格就不会成为成功的拦路虎。更重要的，人一旦明白了这一点，性格也会逐渐朝着健全的方向发展。

掩饰自身特质是一场严重的内耗

"总有人对我说，不要生气，不要自私，不要小心眼，不要太贪心，不要……有时，我觉得自己特别坏，坏得让自己都难以接受。因为，我经常会小心眼，无缘无故地发脾气，一不留神说错话，遇到喜欢的事物露出贪心。我觉得，想要做个完美的人，必须改掉这些'缺点'，我也试着努力过，想尽办法克制自己的情绪和感受，但我觉得很不舒服。"

这是网友彤彤在微博上写出的感受，也戳中了生活中很多人的心声。

受到是非黑白、善恶美丑观念的熏陶，我们都只记得"好人""完美的人""幸福的人"该具备的特质，也更乐于接纳和展示自身"好"的特质，比如热情、善良、诚实、勇敢、坚强。与此同时，也在极力掩饰和压抑那些"坏"的特质，如胆怯、贪婪、愤怒、自私，不让别人发现。而且，现代社会又常常给人一种假象，似乎只有"完美"的人才能得到幸福。

"你的形象价值百万，有了好形象才能为人所重视，收获更多的机会"……这样的渲染声，让很多人开始挑剔自己的形象，把许多不是因为形象而导致的问题也一并算到形象的身上，没有找到合适的工作，就认为是自己形象不好，不惜花费重金打扮自己，更有甚者跑到医院去整形，以此换求职场前途。

"不骄不躁，淡定安然，脾气没了福气来了"……这样的鸡汤语录，让很多人刻意地装扮“完美”，从不对人发脾气，不做任何自私的举动，看起来他们具备了一切美好的特质，可无奈的是，他们也会抱怨上天不公。

事实上，他们的不骄不躁，淡定如水，并不是真正的内心平和，他们的不生气是装出来的大度，而非真的想通了。他们的私心、欲望和愤怒，受到的压抑太严重了，在潜意识里隐藏得太深了，以至于自己跟别人都没有意识到它们的存在。

带着这样一种心理认识，随着年龄的增长，我们发现，需要掩饰的东西越来越多。然而，压抑和掩饰，不等于不存在。这就如同，为了掩饰心中的阴影，给自己戴上一层完美的面具，不让真实的想法流露出来，以此欺骗别人，也欺骗自己。慢慢地，我们习惯了这层面具，忘记了面具下面还有一个真实的自己。即便自己在生活中屡屡碰壁，可仍然压抑内心的暗示。我们会选择闭上眼睛，堵住耳朵，拒绝接纳那个真实的自己，拒绝聆听真实的心声。

事实上，当我们刻意压抑那些不完美的时候，也压抑了与它们对立的那些优点。我们的眼睛只看到了那些不好的东西，就感觉不到自己的美了，因为花费太多的精力和心思来掩饰自己的缺陷。纵然在某些事上展现出了好的特质，也不会为之感到荣耀。

有一个来访者，每次和朋友吃饭时，都会抢着买单；过节时，主动送对方礼物。但是，她并不是每次都是真心做这些事，而是内在有一个想法：“如果我这样做，对方就不会认为我贪便宜和吝啬了，我害怕别人说我不够真诚、不够大方。”

很多时候，我们都会掉进这个“如果”的陷阱里：“如果那样，我是不是就可以如何如何，解决什么样的问题……”可惜，不管什么样的幻想，终究都会在现实中破灭，到头来你会发现，其实你只是你，自私、暴躁、狭隘、小气依然存在，从哪方面看都不完美，只是它们并非你存在的常态，而是在某些特定的时刻才会显现出来。

不过，我们根本用不着为此苦恼，因为只要是人，就必然会有阴影。与其否定和掩饰自己内心的那些阴暗面，倒不如勇敢地承认和接纳。

你可以允许自己在适当的时候表现出私心和欲望，也可以允许自己存在人性的弱点，不必要苦苦地掩饰不完美的瑕疵缺陷，违背本真地过生活。

如果你觉得自己太软弱，那就努力找到软弱的对立面，让自己变得坚强；如果你被自卑困扰着，那就要在内心里寻找自信；如果你总认为被他人轻视，那就找到发生这种情况的根源。

终其一生，我们要成为一个完整的人，而不是一个完美的人。

入戏太深会在现实中影响自己

《霸王别姬》是一部非常经典的电影，值得细品。

张国荣饰演的戏子程蝶衣，在戏里跟师兄段小楼唱了大半辈子的对手戏。他扮演的虞姬无论从神情样貌还是唱功，都是无可替代的。然而，程蝶衣最初是不愿意唱戏的，总是心不在焉。每次在唱台词时都会出错，把"我本是女娇娥，又不是男儿身"，唱成"我本是男儿身，又不是女娇娥"。那时的他，只知道自己是一个男儿身，并不懂得他所饰演的虞姬角色。

在一次重要的试唱表演中，程蝶衣又唱错了，被师兄拿烟斗在嘴里一通乱搅。那一刻，他突然有了灵感，进入了角色中，重新演绎了一番，得到了投资人的认可。

自那以后，程蝶衣饰演的虞姬越来越成功，而他竟真的忘记了自己是男儿郎的事实，错把自己当成了女娇娥，甚至是虞姬，恋上了饰演楚霸王的师兄。

原本不过是唱戏，结果却把戏当成了人生，忘记了自己是谁。也许，很多人觉得，这样的桥段只存在于文艺作品中，完全是编剧的脑洞大开。其实不然，跳出影视剧，我们在生活中也能瞥见相似的情景。

对自己不理解的东西读一遍，给他人讲一遍，就加深了对这个观点的理解程度。这种效应在心理学上被称为"角色深化"，就像演员根据剧本饰演不同性格的人物，尽管那个角色和自己没关系，可在演绎的过程中，那个角色会不断渗透自我，渐渐地，本来的自我也开始朝着那个角色发生转变。

在心理咨询与心理治疗领域有一种叫作“家庭系统排列”的治疗方法，是德国心理治疗大师伯特·海灵格经过三十年的研究发展起来的。海灵格发现，在家庭系统中隐藏着一些不易被人们意识或觉察到的动力操控着家庭成员之间的关系——爱的序位。如果每个成员都跟随“爱的序位”与家人相处，关系会很好；如果忽略了它，关系就会出问题。

在进行家排治疗时，导师会先让当事人说出他的困扰，再要求当事人在参与工作坊的群体中选出一些代表系统中某些角色的“代表”，凭借当事人自己的感觉把这些“代表”安置在场域中，这些“代表”会根据自己所在的位置和方向，表达自己所代表的角色本人的真实和准确的感觉、思想和体验。然后，导师用说话或改变“代表”站立位置和方向去改善情况。

完成整个治疗过程后，不少导师会让所有的“代表”在地上跳一跳，清醒一番，提醒自己“我是谁”，目的就是为了跳出角色，回归到现实中，避免产生角色深化的效应。

知道了心理学上有角色深化这一回事，那么在生活中，我们就该有效地运用它，特别是当有人不认同你的意见时。面对否定和质疑，你用强硬地方式说服，不是聪明的做法，最好的办法就是让他成为自己意见的代言人，去向其他人说明。在这个过程中，他会深入地研究这件事，发现意见中有价值的部分，逐渐理解你的想法和立场，从而转变观念。

孪生姐妹的性格为何截然不同

看到同卵双胞胎时，很多人的第一反应是："啊，他们（她们）长得好像啊！"然而，随着接触的深入，大家会惊讶地发现，有些孪生的兄弟姐妹只是外貌相似，彼此在性格上有很大出入。对于这一现象，常人只是发出感叹，而有一位心理学家却陷入了深思中。

这位心理学家通过观察发现：两个同卵双生的女孩，长得很像，生长环境也一样，可性格截然不同。姐姐性格外向，喜欢与人交往，热情大方，处理问题也很果断，很早就具备了独立工作的能力；妹妹胆小怯懦，不善交际，遇事也缺乏主见。

到底是什么原因，导致了孪生姐妹在性格上的巨大差异呢？

认真分析后，心理学家得出结论：她们充当的"角色"不一样！

出生以后，父母对待姐妹俩的态度存在很大差别。尽管是孪生姐妹，可父母就要求姐姐必须照顾妹妹，要对妹妹的行为负责。同时，也要求妹妹一定得听姐姐的话，遇到事情要和姐姐商量。如此一来，姐姐不但要培养自己的独立性，还得扮演另一个角色，就是妹妹的保护者，而妹妹一直充当着被保护的角色。

人们以不同的社会角色参加活动，这种因角色不同而引起的心理或行为变化被称之为角色效应。放眼望去，不只是孪生子才有角色效应，普通人也会受到角色的影响。比如，你扮演了老师的角色，就会受到为人师表等角色要求；你充当警察的角色，就会受到英勇无畏等角色要求的影响。

心理学家做过一个有趣的意思：邀请一些不太懂礼貌的孩子，参加一个特别的晚餐。在晚餐中，这些孩子竟然一反常态，在文雅氛围的熏染下，意识到自己是有教养的“客人”角色，并按照这种社会角色来约束自己，很快就变得有礼貌了。

了解这一心理效应后，我们可以将其运用在家庭教育上。如果父母能够赋予孩子适当的角色，当他对这个角色有了一定的理解时，他就会按照角色的规范来要求自己，在个性心理或行为上发生一些变化。所以，在教育孩子的过程中，我们不妨有针对性地为孩子安排一定的角色，让孩子扮演，从而让他学会某些知识或规范。

吃不着葡萄说葡萄酸是什么心理

《伊索寓言》里的这个故事，你肯定不会陌生：狐狸走过葡萄园，看着鲜美多汁的葡萄，不禁停住了脚步。饥肠辘辘的它，很想吃葡萄，跳了半天怎么也够不着。无奈的狐狸只好放弃，离开果园的时候，气呼呼地说："这葡萄肯定是酸的，就算摘到了也没法吃。"

葡萄到底酸不酸呢？当然不酸。故事的后续告诉我们：正准备摘葡萄的孔雀，信了狐狸的话，又把这件事告诉准备摘葡萄的长颈鹿，长颈鹿又告诉了树上的猴子。结果，猴子说："我每天都吃这儿的葡萄，甜着呢！"说完，就摘了一串吃了起来。

生活中，你有过和狐狸一样的想法吗？

明明很想买一栋房子，买一辆车，却因资金不足无法实现，就安慰自己："买房子还得背负贷款，买车还得保养，不买反倒省心，过得轻松呢！"

公司里正在竞职，担心自己会落选，就安慰自己说："爬那么高有什么用呢？爬得越高，摔得越惨。安心做好本职，到点上下班，不也挺好吗？"

为什么吃不着葡萄的时候，我们总是习惯性地说葡萄酸呢？

1959 年，美国心理学家利昂·费斯廷格提出了认知失调论，即一个人的行为与自己先前一贯的对自我的认知产生分歧，从一个认知推断出另一个对立的认知时而产生的不舒适感、不愉快的情绪。这里的“认知”指的是任何一种知识的型式，包含看法、情绪、信仰以及行为等。

我们总希望自己的心理处于平衡状态中，但生活中总有一些东西是求而不得的，此时就会出现认知失调。为了重新达到心理平衡的状态，我们就会改变自己对某件事的解释和态度，试图降低目标的诱惑性，或是转移自己的注意力，来缓解认知失调带来的不适。

当然，也有人不说“葡萄酸”，而是说“柠檬甜”。我们都知道，柠檬是酸涩的，可对于自己拥有的东西，哪怕知道它不好，也要把它说成好的，以此来补偿内心的落差感。这两种说法，其实都是心理防御机制，用“合理化”的理由来维持内心的情绪平衡。

在态度与行为产生不一致的时候，通常会引起个体的心理紧张。为了克服这种由认知失调引起的紧张，我们就需要采取一些办法，减少自己的认知失调。

一般来说，减少认知失调的方法有四种：

第一种，改变态度。以减肥为例，改变自己对减肥的态度，让它跟以前的行为保持一致，如我喜欢美食，我不想真的戒掉它。

第二，增加新的认知。如吃东西能减缓我的压力，让我保持愉快的心情。

第三，改变认知的相对重要性。如享受生活和美食，选择健康，比节食减肥更重要。

第四，改变行为。如我会加强锻炼，把吃掉的东西消耗掉。

你眼里的世界，是你内心的投射

美国的科研人员，曾经做过一个“伤痕实验”。

安排一些志愿者在没有镜子的小房间里，由好莱坞的专业化妆师在其左脸化出一道血肉模糊、触目惊心的伤痕。志愿者用一面小镜子照照化妆的效果后，镜子就被拿走了。实验员告诉志愿者，这个实验的目的，是为了观察人们对身体有缺陷的陌生人作何反应。

随后，志愿者们被派往各大医院的候诊室，他们的任务是去观察人们对他们面部伤痕的反应。他们都以为自己带着鲜血淋漓的伤痕。从医院回来后，这些志愿者几乎都向实验者传递出同样的感受——“人们对我比以往粗鲁无礼、不够友好，总是盯着我的脸看。”

真相是这样吗？其实，在这些志愿者离开化妆室前，化妆师告诉他们要往脸上涂一层粉末，防止伤痕不小心被擦掉，实则是偷偷地清除了伤痕。这些志愿者走出化妆室时，就是他们本来的样子。那么问题来了，到底是什么让他们觉得自己被歧视了呢？

答案就是——心理投射！

1921 年，瑞士精神科医生罗夏编制了一种测验人格的方法：测验的材料由十张墨迹图组成，十张图片中有五张是黑白的，三张是彩色的，另外两张除了黑色外，还有鲜明的红色。这十张图片都编有一定的顺序，施测的时候每次出示一张，同时问被试者：“你看这像什么？”“这让你想起了什么？”让被试者按照自己所想象的内容自由地描述。

这时，如实地记下被试者说的每一句话，记下每一次反应所需要的时间，以及行为表现。记录完毕后，要询问被试者是根据墨迹的哪一部分作出的反应，以及引起反应的因素是什么？而后对回答内容进行详细地记录。

这个实验到底有什么作用呢？实际上，那些图片本身并没有特定的寓意，所有的情境内容都是被试者潜意识里的想法，他所看到的一切，就是他内心世界的投射。这在心理学上被称为“心理投射”，是一种“以己度人”的心理倾向，把自己的感情、意志、特性、态度等加到其他对象的身上，从而遮蔽了客观的真实面貌。

所以说，就算没有心理学家设置的“疤痕”，每个人的心里或多或少都会有一些这样或那样的“疤痕”。之后，这些心中的“疤痕”会通过自己对外界和他人的言行，毫无遮掩地展现出来。这种倾向通常都是无意识的，因为我们总是对自己真实的想法讳莫如深，但借助一个中性的客体，却往往能吐露出真情。当我们认为自己不够可爱甚至令人生厌、卑微无用、有缺陷时，在与外界交往中，就会不知不觉用我们的言行反复进行佐证，直到让每个人都认定我们就是那样的一个人。

任何一种心理机制的发生和运作，都是为了维持人的心理生存。荣格认为，心理投射是抵抗焦虑的防御机制，其表现是把一种自己身上有的品质或态度潜意识地归咎于另一个人。

一位不善言谈的女子，希望借助漂亮的外表吸引异性，以便用暗示的方式达到交流的目的。此时，如果另一个女子也用这样的方式，且表现得更加成功，她就很容易产生心理投射，认为她的竞争对手采用的是“不正当的手段”。实际上，她是将自己的情绪和人格中不能接受的或受到质疑的部分，转移到了对方的身上。

心理投射，存在积极和消极之分。

积极投射会使人看到别人身上一些优秀的品质，而事实上他自己可能也具有这样的品质，这样的投射驱使着他希望与对方相识。当这种投射发展到极端时，会使人产生占有对方的欲望，所谓的一见钟情就是最典型的例子。

消极投射就是把自己身上的消极情绪排斥到外部世界，这些被排斥的消极内容是投射者本人所讨厌或害怕的东西。比如：一个脾气暴躁的人，会把发脾气的原因投射到他人身上，指责对方做了让自己忍不住发火的事情。

无论是积极投射还是消极投射，都无法持续长久。如果一个人对一位前辈非常钦佩，但随着交往的深入，在对方身上看到了许多不良品质，他就会产生“祛除投射”的愿望。这个过程是很痛苦的，因为它意味着之前的观念和行为是不当的。但是，为了整合自己的人格，加速个性化进程，祛除投射也是必要的，我们的心理就是在这个过程中获得成长的。

CHAPTER 4

洞悉内心：行为背后的秘密

人为什么会作出无视道德的事

20世纪90年代，美国发生过这样一件事。

有个叫托比的年轻人，大学毕业几年后，决定开办自己的抵押贷款公司，这是他内心里对父亲的一个承诺。在运营的过程中，有一次公司因资金周转不开陷入困境，托比向银行撒了谎。在他撒谎后的几星期里，他发现公司亏损得越来越严重。此时的托比，已经抵押了房子，再拿不出更多的钱来。为了挽救公司，他让员工帮忙做假账，最终以诈骗罪被捕入狱。

这是一桩严重的银行诈骗案，涉及几百万美元，拖垮了好几家公司，导致一百多人失业。托比的行为得到了惩罚，可他怎么也想不明白，自己当初向父亲承诺过，无论如何也不会做违法的事，到最后却事与愿违。

到底是什么原因，让托比作出了这种非道德的行为呢？

研究人员对这个案件产生了兴趣，美国西北大学博士 Ann E.Tenbrunsel 认为，一定的认知框架，使得我们面临的道德问题变得盲目。也就是说，人们在考虑事情时，往往会根据特殊的情境和目的，出现认知错误，犯下不该犯的错。

Tenbrunsel 借助了一个实验，来证明自己的观点。

她召集了两组被试者，让第一组考虑商业决策，第二组考虑道德决策。结果，第一组的人产生了一个心理清单，第二组的人也产生了一个心理清单，两组清单有很大差异。

接下来，Tenbrunsel 要求被试者参与一个不相关的任务，以分散他们的注意力，而后为两组的被试者提供了一个可以进行欺骗的机会。结果显示，进行商业决策思考的第一组被试者，比在道德框架内思考的第二组被试者，更有可能撒谎。

Tenbrunsel 解释说，商业框架内的思考，从认知方面激活了该组被试者的成就目标，他们渴望胜任、渴望成功；而道德框架则触发了被试者的其他目标。

把这条结论用在托比的身上，就不难理解他的行为了。

当托比身处商业的框架之中时，他大部分的注意力都放在了要挽救公司的目标上，其他的目标（包括对父亲的承诺），已经不知不觉从他的视野中淡出了。

这也给我们带来一些有用的启示：进行商业合作时，在合同的开头写上一句警示语，清楚地表明在合同上说谎是不道德的行为，并且要承担法律责任。这样做的目的，是让合作双方从一开始就进入正确的认知框架，适时提醒自己小心谨慎，不要触犯红线，从而有效地减少错误或悲剧的发生。

拥抱的力量，远远超出你的想象

·走在路上，我特别孤独，如果有人给我一个拥抱，我一定会哭出来。

·累了一整天，回到家后，孩子扑进我的怀里，再多辛苦也觉得值得！

·焦虑不安的时候，我特别希望丈夫能抱抱我，那能让我感到放松和安全。

·朋友送我去车站，临别时抱了我，很久没有与人靠得这样近了，感觉真好。

你在生命的历程中，有过这样的感触吗？

西方人把拥抱视为一种日常交往的礼仪，而内敛的中国人却不太习惯这种亲密的打招呼的方式，这主要是文化差异导致的。但透过这些带着真情实感的表述，我们不得不承认，拥抱真的是一个好东西，可以满足人类的很多需求。

美国威斯康星大学灵长类研究所所长哈洛，在1958年至1961年期间做了一个实验：用两个假妈妈来养育刚出生的小猴子。一个假妈妈是用金属丝做成的母猴，胸前放着一个奶瓶；另一个是用类似真母猴肤质的软布做成的，但没有奶瓶。

人们常说"有奶便是娘"，按照这个说法的话，小猴子应当会靠近金属丝做的母猴，因为那里有奶瓶，它可以吃到东西。可事实上，小猴子没有那么做，它对金属妈妈很冷淡，只有在饿的时候，才会爬到金属妈妈身上吃奶瓶。更多的时候，它都是待在布妈妈的身边，紧紧地抱着它，尤其是在受到惊吓或不安的时候，会死死地搂住对方。如果布妈妈身上也有奶瓶，那么小猴子几乎不会再去碰那个金属妈妈。

小猴子下地玩耍的时候，实验人员放入一个自动玩具，小猴立刻逃到布妈妈身上。可是不久之后，它会开始观察，试探性地碰触玩具，最后开心地玩起来。然而，在金属妈妈的笼子里成长起来的小猴子，遇到这样的情况，会长时间地躲在一边，惊惧万分，不敢碰玩具。

这个实验表明：小猴子对母亲的依恋，主要不是因为有奶吃，而在于有没有柔软的、温暖的皮肤接触。同时，在另外的实验中还发现，母猴喂养大的小猴，存活率高于其他代理妈妈照顾的小猴，且后者成年后也会出现胆小、畏缩、攻击性强、情绪不稳定等问题。

从实验联结到生活，婴儿出生后的第一件事，就是接受成人的拥抱，这是人类最原始、最本能的需求。婴儿渴望在母亲的拥抱中吃奶、睡觉，而妈妈也渴望拥抱孩子、亲吻孩子，享受精神上的幸福与满足。

国外很多人类学家研究证明，婴儿与母亲（或照看者）之间亲密、持久的依恋关系，是儿童生存和发展的最基本的需要。一个从小在妈妈拥抱中长大的孩子，性格和智力都会得到很好的发展，缺少妈妈拥抱的孩子，性格偏向孤僻，心理和智力也会受到影响。同时，孩子与母亲的肌肤接触，对于消除孩子的不安和形成孩子情绪稳定的性格，有着重要的影响；孩子与母亲依恋关系的质量，也影响他今后与其他人的交往。

如果一个人年幼时很少得到母亲的拥抱和亲昵，长大后就会形成一种潜在而又深刻地对被爱、被关心、被抚慰的渴望感，当这种感觉过于强烈，就会导致一种病态的情感需求，心理学上将其称为“皮肤饥渴症”。

有些皮肤饥渴症者特别渴望得到拥抱和抚摸，像是渴了饿了很久的人一样，一个绵长而温柔的拥抱，能够给他们带来极致的愉悦和满足，而这种感受与性毫无关系。美国纽约有一家名叫“温暖的地方”的特色店，专门为他人提供正当的拥抱、依偎服务，每小时收费60美元，由此引发了热议。

还有些皮肤饥渴症者抗拒与他人接触，如果不经意被人碰触到，他们的身体就像触电一样，特别不舒服。为此，他们要么闭门不出，要么在出门时把自己包裹得严严实实，这都是无意识地保护行为。当他们开始与喜欢的人接触后，往往会变得特别粘人，总是很想与亲密之人接触，似乎只有在被抱着的时候才感到安全。

渴望抚触与拥抱的背后，是绕不开的孤独以及对被爱的渴求。

对于婴幼儿，父母要经常给予拥抱带给孩子充分的安全感，这是他们将来探索世界的力量源泉。对于皮肤饥渴的成年人，要理解这种情况产生的原因，它不是疾病，只是一种需求未满足的状态，是出于对安全感和亲密依恋关系的渴望。然后，在条件允许的时间和场合，去体会和享受拥抱与肌肤接触带来的安全舒适的感觉，比如：养宠物，拥抱家人、朋友、孩子，穿柔软的睡衣，抱着毛绒玩具入睡等等。

在不影响社会功能的前提下，我们没有必要完全“根除”皮肤饥渴症，也不需要这么做。作为社会关系中的人，对安全感和亲密依恋关系的需要是伴随一生的，就如英国人蒲柏所说：“人就像藤萝，拥抱别人就能从中得到力量。”被爱的手臂拥抱着，相当甜美。

男人比女人更容易自作多情吗

走在马路上，突然有陌生人过来与你搭讪，你会怎么想？是担心对方图谋不轨，瞬间提高警惕连忙走开，还是愿意先听听对方说什么？

坐在酒吧里，你安静地喝着酒，突然有异性与你对视，你会怎么想？是觉得对方有不轨的想法，还是觉得对方是被自己的魅力吸引了？

抛开猜测，其实第一个人的搭讪只是想问路，而第二个人的对视也只是巧合！然而，在面对这样的情境时，人们的想法却不尽相同，甚至所想的内容和事实完全不符。对于这样的情况，心理学将其称为——认知偏差。

经济学家认为，大脑通常采用简单程序应对复杂环境，所以会出现偏差；社会心理学家认为，认知偏差与自我中心的思维倾向有关，即为了维持积极的自我形象，保持自尊或维持良好的自我感觉而发展来的认知倾向。

然而，进化心理学家认为，上述这些说法都只是表面答案，他们提出了错误管理理论。错误管理理论认为，人类在不确定情境下的决策通常面临着出现差错的风险。

这些错误可以分为两类：错误肯定和错误否定。

错误肯定，就是把没病的人当成有病的人；错误否定，就是把有病的人识别为没病的人。这些认知偏差，都是为了指导人们以犯错的方式来适应世界。

远古时期，人们在野外找食物，看到一种从未见过的果子，在没办法判断它是否有毒的情况下，假设它有毒的代价无疑是能够接受的，哪怕这种判断可能是错的，充其量就是不吃而已；可如果假设它没有毒，放心大胆地吃下，有可能会付出生命的代价。所以，把不熟悉的果子认为是有毒的错误感，能够帮助人类更好地适应环境。

错误管理理论，可以解释和预测很多有趣的心理现象，而有些错误也确实能带来益处。

陌生人不一定是坏人，可在无法判断对方是好人还是坏人的情况下，显然多一点警惕性是没错的。万一把坏人当成了好人，结果不堪设想。所以，默认陌生人是坏人的心理，也是在帮我们适应社会生活。

人类普遍存在认知偏差，而男性和女性也存在不同的认知偏差。

对女性来说，听到男人对自己表达爱意，无疑是最令人激动的浪漫情节了。可问题是，表白的男人可能是真心的，也可能是在撒谎。这个时候，女人会“错误”地低估男性承诺的可靠程度。哪怕是听到了甜言蜜语，也会几经思量：万一他说的是假话，自己岂不是要承受被骗的风险吗？同时，女性还会高估男性的强暴意图。在进化的过程中，女性经常遭遇被强暴的危险，且这种风险在排卵期时更为严重。所以，排卵期的女性可能会“错误”地高估男性的强暴意图。

男性的认知偏差也有自己的特色。在进化环境中，男性留下的后代的数目，受到跟自己发生关系的女性个数的限制，一个男性拥有更多的交配机会，无疑会让他可能留下更多后代。所以，在判断异性是否对自己有好感时，他们都会犯“自作多情”的毛病。有个姑娘对他笑一笑，他可能就会偏执地认为对方喜欢上了自己，这样会增加自己的交配机会。相比这种认知偏差的错误，低估女性对自己的兴趣的代价，反而更大。

动机太强的时候，往往会事与愿违

后羿射日的传说，你一定听过。我们这里要讲的故事跟后羿有关，但相比射日的故事来说，更有实际意义。

后羿是夏朝时的射箭手，被称为“神箭手”。夏王听说了后羿的本领，十分欣赏他，就召他入宫，想亲眼见识一下他的精湛技艺。

夏王安排后羿到一处开阔地带，命人拿来了一块一尺见方、靶心直径约一寸的兽皮箭靶，告诉后羿说：“这就是你的目标！射中了，赐你黄金万两；射不中，削减你一千户的封地。”

后羿听罢，心里不由得紧张起来。平素不在话下的靶心，此时变得格外遥远，而他的思绪也开始被黄金和封地缠绕着，难以平静。他取出一支箭搭上弓，摆好姿势开始瞄准射击。没想到，一向镇定的他居然呼吸变得急促，拉弓的手也开始发抖。

终于，箭射出去了，但离靶心几分远。

后羿很沮丧，悻悻地离开的皇宫；夏王也很失望，觉得后羿是徒有虚名。

上述的这种现象，在心理学上可以用“耶克斯－多德森定律”来解释。

1908 年，心理学家耶克斯和多德森通过动物实验发现，随着课题难度的增加，动机最佳水平呈现出不断下降的趋势，这种情况就被称为“耶克

斯 - 多德森定律”。

后来，对人类进行的一些研究证明：个体智力活动的效率与其相应的焦虑水平呈U形曲线的函数关系，即随着焦虑水平的增加，个体积极性、主动性和克服困难的意志力会不断增强，此时焦虑水平对效率起到促进作用；当焦虑水平为中等时，能力发挥的效率最高；当焦虑水平超过了一定限度后，过强的焦虑会对学习和能力的发挥产生阻碍作用。

以后羿为例，平日射箭时他很平静，水平自然可以正常发挥；可当夏王召见他，测试他技艺时，明确提出了奖罚的条件，射出的箭关系着他的切身利益，无论是万两黄金还是千户封地都是比较大的“动机”，这大大增加了后羿的焦虑感。换句话说，后裔太想射中了，太不想失手了，结果事与愿违。

这个定律告诉我们：在做一件事情时，对自己的水平发挥的期待要适度。一来要考虑到自己的实际能力，二来要考虑到目标的相对难度，通过模拟或参照以往的结果来了解自我，判断行动的难度。在进行详细的分析后，就能有效地调节焦虑水平，量力而行了。

危难时刻真的有人不怕死吗

2012年8月的一天,《纽约时报》刊载了这样一篇报道:

一名携带枪支的人驾车来到密尔沃基市郊的一所锡克教寺庙,他用随身携带的9毫米口径的手枪射击人群。在这场突如其来的灾难中,有人当场逃亡,有人挺身而出,试图制服这名暴徒,以免他再伤无辜。

在死亡的6人中,其中一人是这座寺庙的住持。他被暴徒射杀之前,他对其进行劝说过,但最终无果。可即便如此,他依然被人视为英雄;接到报警的第一位警察,也在试图劝阻暴徒的过程中不幸中了9枪。令人欣慰的是,这位警察经过救治活了下来。

毫无疑问,主持和警察都是人们敬仰的英雄。问题是,为什么在危难面前,他们能主动站出来劝阻暴徒,试图解救众人,而有人却第一时间想着逃生呢?

这样的事情,在其他危机情境中,我们也经常会看到。众所周知,求生是人的本能,到底是什么原因,促使他们作出与人类本性不符的行为呢?

要解释这个问题,没有那么简单。

有心理学研究表明,那些甘愿承受危险的人,更加讨人喜欢,且作为旁观者来分发酬劳的人,也会给他们更多的报酬。从长远来看,利他行为是有利可图的。可问题是,在危难之际,他们真的有时间去思考行为之后的利益吗?

给英雄下定义要难于给懦夫下定义——后者也许就是:“在危险、紧急的情况下用腿思考,而非用脑。”试图拯救别人的那些人,也许仅是一时冲动,不加思考,随机而为——但是他们没有选择退缩或逃跑。

越是被禁止的，就越是渴望的

心理学家费尼·贝克和辛德兹做过一个实验：在某大学的男洗手间里挂上禁止涂鸦的牌子，第一块以严厉的口气警告："严禁胡乱涂写"，落款为"大学警察保安部长"；第二块以相对柔和的口气声明："请不要胡乱涂写"，落款为"大学警察区委员"。每隔两个小时，更换一次警告牌，而后调查洗手间里被涂写的数量。

结果发现，第一块挂着"严禁胡乱涂写"的洗手间被涂抹的情况更为严重。学生们似乎有一种心理：越是严加禁止，越是摆出权威，我越要去涂抹。

其实，这就是心理学上的逆反情结，也称为逆向心理和对抗心理，是指人们彼此之间为了维护自尊，而对对方的要求采取相反态度和言行的一种心理状态。

人的自我价值是一个热爱生活、追求生活意义的心理根基，任何人都无法接受自己无价值地活在世上。当一个人自我价值受到影响和损害时，他会本能地进行自我价值的保护，在态度和行为上抗拒外界的劝导和说教，这种逆反心理也被称为"自我价值保护逆反"。

生活中，我们或多或少都体验或见证过这样的一幕：

妻子说，别抽烟了，看你把房间里弄得乌烟瘴气的。丈夫不服气，抽烟怎么了？不愿意闻，你可以出去，干吗非要限制我？

老师说，上课不许搞小动作，必须认真听讲。学生却不能安分守己，总是想办法找点儿东西来玩，好像故意跟老师做对。

你越是让我做什么，我偏就不做；你越是不让我做什么，我偏要做。就算是两个陌生的人碰见，A让B给自己让路，B若高兴的话就会让，若不高兴就会反驳："凭什么要我给你让路？这条路是你家的吗？"明明知道这是抬杠的话，但就是要摆出一副不甘示弱的架势。

意识到了这一对抗心理的存在，我们就可以在生活中有效地利用，让它发挥积极效用。

苏联心理学家普拉图诺夫在《趣味心理学》一书的前言中，特意提醒读者请不要先阅读第八章第五节的故事。结果，多数读者看到这句"禁止"的话后，都被激发了逆反心理，不仅没有遵守作者的告诫，而是迫不及待地先看了第八章的内容。事实上，这根本就是作者精心设计的一个"陷阱"，他就是想让读者关注第八章的内容。可如果他在前言里说，第八章的内容多么精彩，希望大家认真阅读，反而起不了什么作用。

在教育孩子时，认识到这种对抗心理也很重要。有些父母不分场合地教训孩子，看到孩子有问题就劈头盖脸训斥一通。这样的做法不仅没有效用，还会严重伤害亲子关系。即便你的批评是对的，可你让孩子感觉"丢了脸面"，自我形象和自我价值受到了贬低和损害，为了显示自己是有主见的，他们就会对你的话形成抵触和对抗。

相比直截了当地批评和责骂，更建议父母学习和运用正面管教的方法，即保持和善而坚定的态度，尊重孩子，让孩子感受到自己是重要的，用自己的言行让孩子感觉到他们是被理解的，多给孩子启发式的提问。只有孩子感受到充满关爱的支持和帮助，才能改变他们如何获得归属感与价值感的信念。

到底是望子成龙，还是心理代偿

原本想去跑步，不料外面下起了雨，就在室内跳起了健身操；和初恋分道扬镳，之后再恋爱时就寻找和对方相似的人；婚姻遭遇失败后，就把所有心思都放在了工作上，每天忙得不可开交，俨然成了 工作狂……这一系列的做法，背后藏着怎样的心理秘密呢？

事实上，这种情形在心理上叫作代偿行为，即遇到难以逾越的障碍时，会放弃最初的目标，通过达到其他类似目标的办法，寻求内在的满足。心理的代偿往往是对现实中不足的弥补，可以有效地转移痛苦，使心理获得平衡。

需要说明的是，代偿行为有一个重要的特点：如果B和A相比更容易达到，或者价值不如A，就很难对A形成代偿；只有B和A很相似，得到B的困难程度与A相似或大于A时，B才具有较大的代偿价值。当然，如果对最初的目标的渴望非常热烈，那也很难找到可以代偿的东西，这就是古人说的——曾经沧海难为水，除却巫山不是云。

从心理学角度分析，代偿可分为自觉和盲目两种。

自觉的代偿，是指知道自己的短处和缺陷所在，或深刻理解现实处境，从而主动选择扬长避短，这是很有意义的代偿，也是帮助我们平衡内心和事物状态的一种恰当方式。

盲目的代偿，是指不清楚自己的短处和缺陷，不搞清楚现实状况，盲目地把没有实现的愿望投射到其他人和事上，导致过分代偿，总想通过追求其他的东西来使自己获得满足。这种代偿方式有很强的破坏性，生活中最常见也最不容易被当事人觉察到的盲目代偿，就是父母把自己没有实现的愿望强加在孩子身上，将孩子作为自己理想的代理人。

父母有望子成龙、盼女成凤的期待，这是人之常情。然而，很多家长的期待不是建立在尊重孩子意愿的基础上，而是想借助孩子为自己年轻时没能完成的理想和成就弥补缺憾，把孩子当成继承理想的机器。

赵先生已年近 40 岁，却依然充满着文艺情怀。他热爱绘画，可惜两次高考均落榜，未能迈进理想的艺术院校，被迫去了一所普通艺校。尽管赵先生潜心学习和钻研美术，可他的艺术造诣和创造力有限，毕业后想靠其维持生计很是艰难。无奈之下，赵先生只好向现实低头，靠干销售养家糊口。

然而，赵先生从未放弃过对美术的热爱，并在结婚生子后将自己的理想寄予在儿子身上。他每天督促儿子画一幅画，周末带儿子逛画展。在旁人看来，他真是很用心地培养孩子。可实际上，孩子一点都不喜欢绘画，尤其是长到 10 岁左右，有了自己独立的想法后，他更想去学吉他。赵先生不认可儿子的想法，还是硬要求儿子每天按时画画，完全无视孩子的心不在焉与满脸厌倦，也意识不到儿子与他的心理距离越来越远。

赵先生只是千千万万父母的一个缩影，却极具代表性。放眼望去，名校、重点班、学区房、兴趣班……多少父母都是在借助孩子去完成自己当年积攒的愿望。他们口口声声地说“都是为孩子好”，却没有觉察到藏在这件华美外衣之下的隐性的自私。孩子不是父母的附属品，而是一个个独立的人，有自己的选择和理想，尊重他们的意愿，根据孩子的特点给予支持和引导，让孩子去挖掘自己的天赋，完成属于他们自己的梦想。

许多亲情关系的相互伤害，都是因为缺少界限：父母把自己的愿望寄托给孩子，把孩子当成与他人攀比的工具，干涉孩子的婚姻生活，要求孩子必须听从父母的话，用孝顺进行情感和道德绑架。从感性的角度来说这没有错，但从理性的角度来说这不公平，天下没有完美的父母，但父母总该从成为父母的那一刻起，学习如何担当新的人生角色。

成长永远不晚，希望每一位父母都能够真的读懂海桑的那首诗——

你不是我的希望，不是的

你是你自己的希望

我那些没能实现的梦想还是我的

与你无关，就让它们与你无关吧

你何妨做一个全新的梦

那梦里，不必有我

我是一件正在老去的事物

却仍不准备献给你我的一生

这是我的固执

然而我爱你，我的孩子

我爱你，仅此而已

明知道犯了错，却总觉得是身不由己

不同的审讯室里，坐着三个不同的罪犯，尽管所犯的罪有别，可他们对于事实的看法，以及对自己所做之事的态度，却是如出一辙。

三位之一残忍杀害了全家五口人的罪犯被抓获后，面对铁证如山的现场照片，他竟然没有任何的悔恨之意，嘴里还不停地为自己抱屈："我是被逼的，我没有办法，都是他们逼我的……要不是他们逼得我走投无路，我不会这么做的！我也不想啊！"

三位之一因盗窃被抓的小偷，面对警察的审讯，愤懑不平地说："这年头赚钱不容易，我也没上过什么学，没本事啊！要是有活路的话，谁愿意去当小偷啊？这个世界太不公平了，凭什么有人开豪车、住豪宅，有人却怎么也找不到工作？我真的是没有选择。"

三位之一专门抢劫富人的劫匪，在被抓获后，对自己所做之事没有任何悔意，甚至振振有词地说："我抢他怎么了？我不觉得我有错，他的钱不是好来的，坑了多少人啊！我把钱给自己，救济困难的人，我这叫劫富济贫！"

是不是觉得这些话听着很熟悉，这样的场景在纪实片或影视剧里频频冒出？明明犯了杀人、抢劫、偷窃的罪，为什么还觉得是身不由己，非得把责任推到他人身上呢？

这种行为在心理学上叫作"自我宽恕"，指的是人们对于自己的错误、缺点总是可以很轻易地原谅，而对于别人的却不行。在与他人发生冲突时，人很难站在客观的立场上审视彼此的错误，而只会站在自己的立场上，认为自己是正确的、是好人，与自己对立的都是坏人。哪怕是犯下十恶不赦之罪的人，也会为自己找借口。

每个人的性格里都有不可避免的缺点，但不是人人都能看到。生活中的很多纷争，就是因为不肯承认自己的错误，非要让对方认错而引起的。如果人人都能做到反省自我，认识到自己的错误，敢于承认，积极改正；对他人多点理解，多点宽容，世间就少了很多纷争。

一旦做了某种选择，如同踏上了不归路

心理学家做过这样一个实验：把 5 只猴子放在一个笼子里，在笼子中间吊了一串香蕉，只要有猴子伸手去拿香蕉，就用高压水来教训所有的猴子，直到没有猴子敢再动手。

随后，实验人员用一只新猴子替换出笼子里的一只，新来的猴子不懂“规矩”，竟然又伸出手去拿香蕉，结果触怒了原来笼子里的 4 只猴子，它们代替人执行惩罚任务，把新来的猴子打了一通，直到它服从这里的“规矩”为止。

实验人员不断地把最初经历过高压水惩罚的猴子换出来，最后笼子里的猴子全是新的，但没有一只猴子再敢去碰香蕉。最开始，猴子是怕受到“株连”，不允许其他猴子去碰香蕉，这是合情合理的。然而，当人和高压水都不再介入时，新来的猴子依然固守着“不许拿香蕉”的制度，这又是为什么呢？

其实，这就是路径依赖的自我强化效应，是美国斯坦福大学保罗·戴维在《技术选择、创新和经济增长》一书中首次提出的，他说：“一旦做了某种选择，就好比走上了一条不归之路，惯性的力量会使这一选择不断自我强化。”

现代铁路两条铁轨之间的标准距离是 1435 毫米，你知道这个标准是从哪儿来的吗？

说起来你可能会感到惊讶：早期的铁路是由建电车的人设计的，1435毫米恰恰是电车所用的轮距标准；而最先造电车的人，以前是造马车的，所以电车的标准沿用的是马车的轮距标准；而马车之所以用这个论据标准，是因为英国马路辙迹的宽度是1435毫米，如果马车改用其他轮距，轮子很快就会被英国的老路撞坏。

整个欧洲的长途老路都是由罗马人为其军队铺设的，1435毫米恰好是罗马战车的宽度。罗马人选择以1435毫米为标准，原因就更简单了，因为牵引一辆战车的两匹马屁股刚好就这么宽！是不是挺不可思议的？马屁股的宽度，竟然决定了现代铁轨的宽度。

从某种程度上说，人们的一切选择都会受到路径依赖的影响。人有趋乐避苦的本能，做任何事情都会优先想到降低生存消耗，因而就产生了急功近利、目光短浅、好吃懒做等现象。当熟悉了某一条路径后，哪怕它不是最佳路线，也不愿意去开辟新的道路。随着习惯的不断自我加深，人们就会对这些习惯越来越依赖。

路径依赖的消极影响是完全依赖过去的经验和模式，会很难适应全新的环境，让自己故步自封。在经典电影《肖申克的救赎》里提到：刚到监狱的时候，囚犯总想走出去，可待得久了，就被体制化了。习惯了监狱里的模式，即便服役期满离开了监狱，也难以适应外面的社会，就像影片中的图书管理员老布，在出狱后不久就自缢了。

只要有习惯的存在，路径依赖就不会消失，但这也并不完全是一件坏事。我们没有必要把路径依赖视为一个敌人，而是要学会换一种思路，利用它的积极面来主宰自己的人生：

第一，万事开头难，一旦坚持下来形成习惯后，就会变得越来越容易。所以，认定了一件事后，只要方向是对的，方法也没有错，不要被开始的困难吓倒，急着退回到原路上，坚持做下去，路会越来越好走。

第二，优秀不是源于强大的自控力，而是源于良好的习惯，因为本能的力量远远超过意志力。这也提醒我们，从一开始就要多培养良好的习惯，让自己进入良性的循环系统。

第三，做一项决策时要慎之又慎，不仅要考虑这项决策带来的直接效果，还要考虑它带来的长远影响。一旦发现存在路径偏差，就要尽快纠正，把它拉回到正确的轨道上来，以免造成积重难返的局面。

相比合作而言，人总是优先选择竞争

有一个笑话你可能听过：上帝向一个人许诺，可以满足他三个愿望，但有一个条件，就是在他得到想要的东西时，他的敌人将会得到他所拥有的两倍。听罢后，这个人开始许愿，第一个愿望和第二个愿望都是得到巨额的财富，而他的第三个愿望却是“将我打个半死”。

尽管是笑话，可阐述的道理却是现实的，我们在生活中经常会遇见与之相似的情景：上地铁公交时，明知道排队有序地上车会更快，可当车辆进站后，多数人都会不由自主地蜂拥而上，结果很多人卡在车门口，挤了半天谁也上不去，整个效率都降低了。

为什么人们明知道争抢不好，还是会作出这样的选择呢？

社会心理学家认为，人与生俱来就有竞争的天性，每个人都希望自己比别人强，每个人都无法容忍自己的对手比自己强。因而，在面对利益冲突的时候，往往都选择竞争，哪怕拼个两败俱伤也在所不惜；即便是在双方有共同利益的时候，也会优先选择竞争，而不是选择合作，这种现象被称为“竞争优势定律”。

即便在有共同利益的情况下，由于利益分配不均，或是长远利益和眼前利益的矛盾，都会促使人们选择竞争。另外，心理学家还认为，缺乏沟通也是人们选择竞争的一个重要原因。如果双方对利益分配问题进行商量，达成共识，合作的可能性就会增加。

那么，是否存在一种情境，会让人们主动选择合作？

当然存在！在社会环境中，人们往往会根据力量对比的大小来决定选择竞争还是合作。倘若对方的力量太强大，人们多半会选择与之共同完成任务，谁也不愿意拿鸡蛋碰石头。倘若自己更有力量，多半就会采取竞争行为。换句话说，竞争优先，合作是不得已而为之。

竞争优势定律在生活中带来的负面影响还是很大的，想要消除或降低这种不良作用，最好的办法就是推崇“合作双赢”。心理学家荣格提出过这样一个公式：我 + 我们 = 完整的我。“绝对的我”是不存在的，“完整的我”应当是融入“我们”的“我”。在合作中实现共赢，才是真正的赢。

CHAPTER 5

群体迷思：没有人是一座孤岛

是什么导致了三个和尚没水喝

心理学家黎格曼曾经做过一个实验：

挑选八个工人作为被试者，让他们用力拉绳子，测试一下他们的拉力。第一次，他让每个工人单独拉绳子；第二次，他让三个人一起拉绳子；第三次，让八个人一起拉。

实验人员本以为，拉力会随着人数的增加而增加，但结果却并不是这样：单独拉绳的人均拉力是 63 公斤；三个人拉的人均拉力是 53 公斤；八个人拉的人均拉力是 31 公斤，不到单独拉时的一半。

黎格曼把这种个体在团体中较不卖力的现象称为“社会懈怠”。对于社会懈怠现象，在后来的研究中也得到了进一步的证实。研究者曾让大学生以欢呼鼓掌的方式尽可能地制造噪音，每个人分别在独自、2 人、4 人、6 人一组的情况下做。结果，每个人所制造的噪音随着团队人数的增加而下降。

为什么会产生社会懈怠现象呢？心理学家给出的解释是：人们可能觉得团体中的伙伴没有尽力，为了求得公平，自己也减少努力；或是认为个人努力对团体微不足道，团体成绩很少一部分能归于个人，个人的努力与团体绩效之间没有明确的关系，所以不愿意全力以赴。

无论是商业团队协作，还是家庭成员合作，都不是简单地把两股或多股力量联合在一起，更不是人力堆积和资源累加。合作讲究统一性、同一性、互补性等原则，合作的效果也取决于团队内部是否存在内耗现象，如果发生了内耗，那么每个人发出的力量都会被其他人抵消掉，最典型的例子就是“三个和尚没水喝”的故事。

为什么一个和尚和两个和尚的时候，都可以相安无事地喝到“水”，当第三个和尚出现以后，大家都没有水喝了呢？最主要的原因就是——责任推诿！

一个和尚的时候，哪怕他不想去挑水，可没有其他的指望，就算挑半桶水也得挑；两个和尚的时候，挑水是共同的责任，做到了责任均摊；三个和尚的时候，责任被进一步分摊掉，任何一个和尚都会想：反正三个人呢！我不去挑的话，别人也会去的。结果，大家都这样想，并充当旁观者的角色，也就没有人去做这件事了。

从团队合作的角度来说，社会懈怠显然是一个不值得提倡的行为。要消除这种现象，最好的办法就是强化个人责任感，明确所有人的分工和职责，让每个成员都感受到更多的责任和价值，减少不必要的团队内耗。

离人太近或太远，都不利于相处

潇潇很喜欢男友凯文，为了他放弃了出国的机会，对其他男生的追求视而不见。每天上班，她都要凯文挂着微信，自己在公司里的大事小事总要第一时间告诉他。下班时，她会提前开车到凯文的单位门口，然后一起吃晚饭，再恋恋不舍地分别。

谁都看得出，潇潇对凯文的爱很深，但凯文心里却有说不出的苦。

凯文不止一次跟朋友说，不在一起的时候会想潇潇，可在一起的时候又有点烦。周末他想去打球，潇潇却拉着他去逛街；下班他想跟哥们聚聚，潇潇也非得跟着，既不让抽烟，也不让喝酒，特别扫兴。好几次，凯文想提出分开一段时间，可话到嘴边又咽下，他知道潇潇对自己是真心的，也怕错过了这个美好的眼前人。可是，她的爱，实在太沉重了。

相处一年多以后，两个人在一起的氛围不如从前那么好了。凯文变得沉默寡言，冷冷淡淡。潇潇问什么，他只是轻声应和，没表情，没心情。可一听潇潇说要出差几天，他又变得很殷勤。潇潇怀疑，凯文是喜欢上了别人，两人还为此生了嫌隙。

为什么相爱的两个人，在朝夕相处一年多后，却产生了轻视和嫌恶的心理呢？

西方生物学家早年做过一个研究刺猬生活习性的实验：在寒冷的冬天，把十几只刺猬放到寒风凛冽的户外空地上。由于天气很冷，空地上又没有遮风避寒的东西，这些刺猬被冻得瑟瑟发抖。生存的本能让它们不由得靠在一起，但又因为彼此身上的长刺而被迫分开。就这样，经过一次次的靠近和分开后，刺猬们终于找到了一个合适的距离，既可以相互取暖，又不会刺伤彼此。这种情形后来被称为刺猬效应，也叫距离法则。

在人际交往中，人与人之间的相处，要保持一个适度的距离，太远了会显得关系生疏，太近了会出现摩擦，唯有不远不近，才能让双方的关系处在一个和谐、融洽的氛围中。特别是恋人或夫妻之间，更需要适时地保持一点距离。这份距离，不一定是地理上的距离，分隔两地，而是要给彼此在心灵上留出一点空间，把关系控制在相互容纳并相互吸引的范围内。

同时，生活经验也告诉我们：有些时候，人与人的空间距离近了，不代表心理距离也近了，比如同事；彼此间不是每天都联系，但也不代表心里不惦记对方，比如朋友。在面对周围的人时，学会控制好身体距离和心理距离的关系，这样才能实现“距离产生美”的效果。

我们为什么喜欢和自己相似的人

高山流水觅知音的典故，相信大家都有所耳闻。

俞伯牙是春秋时期有名的音乐家，他擅长弹琴，有出神入化的琴技，在当时极负盛名。俞伯牙喜欢领略大自然中的魅力，并总能从中找到创作的灵感。很多人听到他的美妙琴声，都纷纷赞许，但他知道，没有人真正能听懂他的琴声，而他也不介意，继续在游历的途中寻找自己的知音，期待着那个真正懂他琴声的人。

后来，俞伯牙奉命出使楚国，当他乘船抵达汉阳江口时，由于风浪太大，只好将小船暂时停靠在一个小山下面。到了晚上，风浪渐渐平息，云开月初，夜色朦胧。俞伯牙心境大好，就拿出随身携带的琴弹奏起来，不了一曲未终，琴弦却断了一根。这时，他见到一个眉清目秀的青年男子站在月光下，笑着解释说他是打柴的，听到琴声觉得甚是美妙，就停了下来。

俞伯牙让他说说，从刚刚的那首曲子里听到了什么？没想到，此人竟然真的说出了曲中意。于是，俞伯牙邀请他上船，换上琴弦重新弹奏，而男子对所听到的曲子理解甚深。俞伯牙很高兴，请教对方的名字，他就是后来我们都知道的钟子期。

两人相见恨晚，于是结拜为兄弟，并约定第二年再次相见。然而，当俞伯牙如约到了约定地点时，却不见钟子期，一打听才知道，钟子期已经去世了。俞伯牙非常伤心，终生不再弹琴，因为没有知音能听懂了，再弹下去的话，只会让他更加思念钟子期，平添无限的伤感。

俞伯牙和钟子期能够成为知己，最重要的原因就是他们俩有一个相似之处，就是对音乐的高超鉴赏力。我们常说“物以类聚，人以群分”，大致就是在讲，人都是容易对跟自己相似的人产生好感，继而成为朋友。倘若志趣不相投，很难达成一致，就更别提深入交往了。

关于这一点，心理学家曾经做过不少的实验研究：

在普渡大学，研究者可以安排一些社会政治观点相似或不相似的男生和女生进行盲约。每对学生在学生会里一边喝饮料一边聊天，相互了解。在 45 分钟的盲约结束后，研究者发现：观点相似的学生比不相似的学生更加喜欢对方。

在堪萨斯州立大学，研究人员要求 13 位男子挤在防空洞里相处 10 天，期间不断考评他们彼此之间的情感变化。结果发现，能够融洽相处的人，都是存在诸多共同点的人。如果有可能的话，他们真希望把那些和自己格格不入的人轰出去。

这些研究都显示，相似性是有吸引力的。那么，我们为什么会喜欢跟自己相似的人呢？

首先，与自己三观相近的人，交往起来更容易得到对方的肯定，能增加“自我正确”的安心感。彼此之间发生争辩的情况比较少，都容易获得对方的支持，较少受到伤害。其次，相似的人容易组成一个群体。人们总是希望能通过建立相似性的群体，以增强对外界反应的能力，保证反应的正确性。人在一个与自己相似的集体中活动，阻力比较小，活动更顺利。

不过，大家也可能注意到了，我们不仅跟与自己相似的人惺惺相惜，有时也会喜欢一些跟自己差异较大的人。如果能在需要、兴趣、气质、性格、思想等方面形成互补关系，就更容易产生相互吸引的关系，这是为什么呢?

人，不仅有认同的需要，也有从他人身上获取自己所缺乏的东西的需要。

实际上，互补和相似并不矛盾，因为差异不一定都能形成互补，互补性的前提是彼此都能得到满足，倘若无法实现这一点，那么相反的特性就无法产生互补，甚至还会产生厌恶和排斥。形成相似的条件，一定是大方面的，比如三观；而形成互补的，是相对较小的方面。换句话说，就是“该相似的地方相似，该互补的地方互补。”

每个人都不可避免存在一些缺点，而性格也不是那么容易改变的。所以，为了弥补自己的不足，我们在寻求生活伴侣和事业伙伴时，也会寻找那些能够弥补自己缺点的人。

给予就会被给予，剥夺就会被剥夺

在第一次世界大战中，德国的一些特种兵需要深入敌后，抓俘虏回来审讯。

有一个德国特种兵，多次溜进敌人战壕，成功抓到俘虏。这次，他又出发了，熟练地穿过两军之间的无人区，突然出现在敌军的战壕中。一个落单的士兵正在吃东西，没有丝毫的防备，一下子就被缴了枪，手里还举着刚刚正在吃的面包。这时，他本能地把面包递给突然闯入的敌人。

这也许是他一生中做得最正确的一件事了。眼前的德国兵忽然被感动了，而后他做了一件事，放了敌军士兵，自己回去了。他知道，这样回去后上司定会大发雷霆，却义无反顾。

为什么德国特种兵会被一块面包打动呢?

这就涉及了心理学上的互惠原则，即一种行为应该用一种类似的行为来回报。

美国康奈尔大学的雷根教授曾经做过一个实验：实验对象被邀请参加名为“艺术欣赏”的活动，与另外一个叫乔的人（雷根教授的助手，实验对象不知情）一起给部分画作评分。

实验分为两种情况：第一种情况，乔在评分休息期间，出去几分钟，买了两瓶可乐，给实验对象一瓶，并告诉他：“我去买可乐，顺便给你带了一瓶。”第二情况，乔在休息期间出去后，没有给实验对象带任何东西。

当评分结束后，乔让实验对象帮他一个忙，说他目前正在卖彩票，每张彩票的售价是25美分，如果他卖出的彩票数目是最多的，就能得到50美元的奖金。实验的目的是为了比较在两种情况下，乔卖掉彩票数目的差别。

你能猜到结果吗？在赠送实验者可乐的情况下，乔卖出的彩票是第二种情况的两倍！这也印证了一个事实：乔赠送给实验对象可乐的行为，给实验对象造成了负债感，他们不想接受了对方的恩惠而不回报，所以就选择了购买乔的彩票，从而消除这种负债感。

同样的道理，虽然那位德国特种兵从对手那里得到是一块面包，甚至他根本没有接过那块面包，但他感受到了对方的善意，即使这种善意中涵盖着一份恳求。那一刻，他觉得自己无论如何都不能把一个对自己好的人当作俘虏抓回去，甚至要他的命。

透过上述的实验和案例，我们不难看出，使得互惠原则具有强大威力的关键因素，就是那份令人难以忍受的负债感。这种感觉对每个人来说都是迫不及待想要卸下的包袱，一旦受惠于人，就如同芒刺在背，浑身都觉得不舒服。我们之所以会很痛快地给出比自己得到的更多的回报，就是为了尽快地让自己摆脱这种不适感。

退一步说，如果接受了他人的恩惠却不打算回报，这在社会群体中是不被认可的。如果是因为条件不允许或是其他客观因素，没办法及时回报，或许能够得到原谅，但通常来说，整个社会对于不遵守互惠原则的人都有一种发自内心的厌恶感。

如果反方向破坏互惠原则，只给予却不给人回报的机会，也会遭到排斥。人与人之间的交往本质上是一种社会交换。这种交换就跟市场上的商品交换所遵循的原则一样，即希望在交往中得到的不少于付出的。但出于互惠原则，如果得到的大于付出的，也会让人心理失衡，这会让人感觉无法回报或没有机会回报对方，因而产生愧疚感，觉得欠了对方的情。这种心理负担，往往会让受惠的一方选择疏远。

互惠原则对于很多人而言又是一把双刃剑。存一颗感恩之心，及时回报他人的善意，能够获得更融洽的关系。同时，也要警惕被别有用心的殷勤者利用，如果有人总是在你面前述说他为你做过多少事，那么下一次他再表示殷勤的时候，你不妨直言："谢谢，这件事情我自己可以解决。"

无可挑剔的人会让人感觉不真诚

一个女孩交往了一个比她年长 17 岁的男士，对方是一家大型设备公司的总经理。由于年龄、阅历和社会地位相差悬殊，母亲并不赞同。为了说服母亲，女孩提议母亲见一见自己心仪的对象，认为只有见面，才能够真正地了解对方，打消心中的疑虑。

母亲应邀出席了这场精心策划的饭局，整个吃饭聊天的过程都比较愉快，女孩那位年长的男友也在饭桌上表现得彬彬有礼，无可挑剔。事后，女孩问母亲："您觉得他有什么问题吗？"母亲笑了笑，意味深长地感叹了一句："说不出问题，也许才是最大的问题。"

抛开年龄的差异，你听到这句话时，会觉得是女孩的母亲太多疑了吗？或许，多数人在直觉上也会认为，母亲的话是有道理的。任何人都不是完美的，总有些许的纰漏和瑕疵，倘若一切都井然有序、完美到无可挑剔，难免会让人感觉不够真实，甚至有伪装作秀的嫌疑。

心理学家做过一个有趣的实验，把四段情节相似的访谈录像，播放给受试者。

录像 1：一位非常优秀的成功人士接受主持人的访谈，他在自己所从事的领域内取得了辉煌的成就，在接受采访时也显得很自信，谈吐不凡，没有丝毫的羞涩感。台下的观众不时地为他的精彩表现鼓掌。

录像 2：同样是一位优秀的成功人士接受访谈，但他显得有些羞涩，特别是主持人向观众介绍他的成就时，他竟紧张得碰倒了桌子上的咖啡杯，咖啡弄脏了主持人的衣服。

录像3：一位普通人接受采访，跟前两位成功人士比，他没什么特别的成就。在整个采访的过程中，他一点也不紧张，也没什么吸引人的地方，平平淡淡。

录像4：同样是一位普通人，在接受采访的过程中，他显得特别紧张，跟第二位成功人士一样，他也把身边的咖啡杯碰倒了，弄脏了主持人的衣服。

播放完这四段录像后，心理学家让被试者从四个人中挑选出自己最喜欢和最不喜欢的。结果，多数人都喜欢第二段录像里那位打翻了咖啡杯的成功人士，几乎所有人都不喜欢第四段录像里的那位打翻咖啡杯的普通先生。

人们之所以会有这样的反应，是源自心理学上的犯错误效应。

心理学家认为，对于那些取得了大成就的人来说，出现打翻咖啡杯等微小的失误，会让人觉得他很真实、值得信任。如果一个人表现得太过完美，没有任何可挑剔之处，反倒会让人感到虚假。毕竟，没有谁是完美的。貌似完美的人不经意地犯个小错，不仅是瑕不掩瑜，还让人觉得安全，因为他显露出了平凡的一面。

同样是打翻咖啡，但多数人不喜欢那位犯了同样错误的普通先生，这恰恰说明犯错误效应的产生需要一定的条件：首先，犯错误的人应该是有非凡才能的人，而不是能力平庸的人；其次，犯错只是偶然现象，且犯的是无伤大雅的错误。另外，研究还表明，男性比较喜欢犯过错误但能力非凡的女性，而女性喜欢没有犯过错误但能力非凡的人，无论对方是男是女。

犯错误效应的存在提醒我们，在与人交往的时候，想得到对方的信任和喜欢，不要过于苛求完美。在修炼自身、提升能力素养的同时，允许自己或是故意犯一些无关痛痒的小毛病，反而更容易让身边的人产生亲近感。

没有人能完全避免周围人的影响

1950年，美国的三位社会心理学家针对麻省理工学院17栋已婚学生的住宅楼进行了一次调查。这是一些两层的楼房，每层有5个单元住房。住户住哪个单元都是随机分配的，原来的住户搬走后，新住户就会搬进来。

在调查中，每个住户都要回答一个问题：在这个居住区中，和你经常打交道的最亲近的邻居是谁？结果显示：居住距离越近的人，交往次数越多，关系越密切。在同一楼层中，和隔壁的邻居交往的概率是41%，和隔一户的邻居交往的概率是22%，和隔三户的邻居交往的概率只有10%。其实，多隔几户，距离上并没有增加，但亲密程度却差很多。

这个实验印证了一个事实，人们在生活中与邻近的人打交道更多一些。这并不难理解，和邻近者打交道，要比和距离远的打交道代价小，一是双方了解起来比较容易，能预测对方的行为，交往起来有安全感；二是打交道比较方便，借用东西的话能少走几步路。

我们不能小觑这一问题，近朱者赤近墨者黑的道理，你一定听过。活在这个世界上，没有谁能够完全避免周围人的影响，昔日孟母三迁也正是源于此，她不嫌麻烦、大费周折地搬家，就是为了给孩子创造一个良好的成长环境。所以，我们也要注意对周围人的选择，尽量选择对自己有利的人际关系。跟什么样的人在一起，就有机会从他身上学到什么样的东西。

牧然的工作室，去年多了一位合伙人。那位合伙人雷厉风行，执行力特别强。有时候，他跟牧然提出一些想法，牧然本以为只是设想，脑子里还在犹豫，而合伙人已经把这个设想当成目标去执行了。

好几次，牧然都感觉跟不上合伙人的脚步，甚至想要逃避。因为每一次新的尝试，都是一个挑战，让她感到很不舒服。遇到这样的情况，合伙人总是积极地鼓励牧然，让她暂时忘却结果，尝试着去做。渐渐地，牧然的节奏不自觉地被拉快了，其抗压能力也变强了。

原来的牧然，一直患得患失，脑子里的想法很多，但总是瞻前顾后，不敢去做。现在，周围人都能够感觉到牧然变了，做决定时变得果断了，不会再反复地瞎琢磨、乱担忧。牧然说，多亏了自己的合伙人，跟这样积极的伙伴在一起，不由自主地想让自己变得更好。

想让自己的人生不平庸，要尽量跟优秀的人为伍，与懒散的人保持距离。

外表优雅的女性一定有内涵吗

妙莉叶·芭贝里在小说《刺猬的优雅》里，塑造了一个生动鲜活的女门房勒妮。

从外表上看，勒妮是一个年老、丑陋的门房，在高档公寓的住户跟前显示出的永远是一副邋遢、无知的样子，她力求符合人们心目中固有的门房形象。然而，她的内心深处却是一片葱茏的绿洲，在丑陋的外表之下，隐藏着的是一个饱读诗书、对哲学有独特理解、能与博士候选人就哲学问题平等对话的灵魂。

置身于现实中，如果遇到像勒妮这样的外表冷漠、样貌丑陋的年老女性，也许多数人都不会把她跟知识渊博、富有内涵联系在一起，也鲜少有人会相信或下意识地去留意，这个外表长着刺、贫穷不美、把自己封闭在无人之境的女性，有着不同寻常的优雅。

会出现这样的情况并不意外，它完全符合美国心理学家爱德华·桑代克提出的晕轮效应，即人们在对一个人进行评价时，往往会因为对他的某一品质特质的强烈、清晰的感知，而掩盖了其他方面的品质，甚至是弱点。桑代克认为，人对事物的认知和判断往往都是从局部出发，然后扩散而得出整体现象，但这些认知和判断就像模糊不清的晕轮，常常是以偏概全的。

俄国著名文豪普希金，曾经狂热地爱上了莫斯科第一美人娜坦丽，并和她结为连理。娜坦丽长得非常漂亮，可她与普希金的志趣完全不同。每次普希金把写好的诗读给她听时，她总是捂着耳朵说“我不要听”。她总是让普希金陪她游乐，出席豪华的宴会，普希金为此丢下了创作，弄得债台高筑，最后还为她决斗而死，致使文坛上少了一颗璀璨的巨星。

不得不说，普希金的悲剧与晕轮效应有一定的关系。在他看来，一个外表漂亮优雅的女人，应当有着非凡的智慧与高贵的品格。可惜，这只是他主观的心理臆测罢了。

晕轮效应，会对人的心理产生巨大的认知障碍，它很容易抓住事物的个别特征，习惯以个别推及一般，就像是盲人摸象，容易把本没有内在联系的一些个性或外貌特征联系在一起，断言有这种特征必然会有另一种特征。

那么，要如何在人际交往中避免和克服晕轮效应的副作用呢?

第一，避免以貌取人。我们在认识一个人时，不能只看长相和穿着，还应当多了解他的行为和品质，若总是以表及里来推断，往往会产生偏差，无法真正看清一个人。

第二，避免投射心理。有的人看别人做了一件好事，就想当然地认为这个人品质优异；倘若知道对方是刚刚从监狱里刑满释放的人，就会觉得他可能别有用心，充当好人。其实，这完全是把自己的意愿强加在别人身上，产生了投射。投射现象是一种不理性的行为，若不加以注意，就可能制造出晕轮效应，做出偏见行动。

第三，避免循环证实。疑人偷斧的故事，想必你一定听过，当你对一个人产生了偏见时，你就会寻找各种理由来证实自己的这个偏见。你的异常举动被对方发现后，他自然也会对你产生不满情绪，要么疏远你，要么敌视你。你对对方的这种反应，又会加深对偏见的看法，实际上这就陷入了一个恶性循环，让自己走进晕轮效应中迷而忘返。

每个人都希望感受到自己的价值

约翰·杜威教授曾说：“人类最迫切的愿望，就是希望自己能受到别人的重视。”

1915年，第一次世界大战爆发之后，欧洲各国都加入了激烈的征战之中。为了实现人类的和平，时任美国总统的威尔逊做了一个决定：派一位私人代表作为和平特使，与欧洲各方进行谈判。

国务卿博拉恩一直都主张和平，他很想获得从此机会。如果这件事做成了，他既能够实现名垂史册的抱负，也能为更多的人谋得福祉。然而，威尔逊却没有这项任务交给他，而是选择赫斯上校做了和平特使。

赫斯上校接受这样的使命，内心自然是高兴的，可他也面临着一个难题：必须把这个消息告诉博拉恩，还不能惹怒他。这确实是一件很棘手的事，该怎么处理才好呢？聪明的赫斯上校，在这场博弈中采用了一个非常高明的策略。

赫斯上校找到了博拉恩，把自己要去欧洲做和平特使的消息告诉了他。正如他所料，博拉恩非常失望地说：“我也希望自己能够做这件事，能为人类的和平付出一分力量。”赫斯上校听后，说道：“总统之所以没有选您，主要是因为这是一件任何人都能去做的事，派您去可能会引起别人的注意。人们会纳闷：我们的国务卿去哪儿了？是不是发生了什么重要的事情？”

听到这样的解释，博拉恩的情绪很快恢复了平静。他坚信，不是总统认为赫斯上校比自己更有能力胜任这项任务，而是国务卿的身份太重要了，不适合做这样的工作。

事实是否真的如此，已经不重要了。重要的是，赫斯上校用这样的方式让博拉恩获得了尊重和满足。在处理这件事的过程中，赫斯上校抓住了一个重要的人际关系法则，那就是：尊重他人，满足他人的自我成就感，让对方感受到自己的价值！

事实上，我们身边的每个人，都有各自的优点，以及值得他人学习的地方。我们要做的就是，努力让他们体验到这种感受，不留痕迹地让他们感受到自己很重要。这种方式既能够成全他人，也能为自己赢得友谊和信任，何乐而不为呢？

适当地满足一下别人的好奇心

意大利商人普洛奇，从 13 岁起就在附近的一家商店做兼职售货员。

那还是普洛奇上高中时，商店老板交给了他一项卖香蕉的任务。这个任务很艰巨，因为那是一船冰冻受损的香蕉。老板本不抱什么希望，就跟普洛奇说："这香蕉吃起来口感很好，但外皮黑乎乎的，若是按照正常方式销售，肯定没人愿意买。现在，市面上的香蕉 4 磅重能卖 25 美分，这一船香蕉，我建议你按照 4 磅 18 美分的价格销售。如果还是没人买，再降低点儿价格也行。"

"没问题，我一定能顺利完成这个任务。"普洛奇爽快地答应了。可到底要怎么做才能把这一船受损的香蕉卖出去呢？对这件事，普洛奇的心里也没底。

那天晚上，他失眠了，一直在思考这件事。

第二天早晨，普洛奇睡醒后，脑子里已经有了主意。他决定，不按老板的说法做，打算铤而走险。当天上午，普洛奇将一把黑了皮的香蕉放在商店门口，然后大声地叫卖："出售巴西香蕉喽！大家快看，新鲜的巴西进口香蕉，新鲜的巴西黑皮香蕉！口感好，价格合理，大家快来看喽！限量销售！"

其实，哪儿有什么巴西香蕉？这不过是普洛奇制造的噱头罢了。

事实证明，他这一招还挺管用的。市场上的人看见他这里出售黑皮的

“巴西香蕉”，都纷纷凑过来看热闹。大家议论纷纷，很快周围就挤满了人。看到人越来越多，普洛奇就开始向大家介绍说：“这些古怪的香蕉来自巴西，口感非常好，是第一次外销意大利。为了优惠大家，打开意大利市场，这些香蕉现以低价——每磅10美分出售。”

普洛奇给出的价格，比老板提的价格高出了一倍多，甚至比市场上的好香蕉还要贵。可是，这并没有影响普洛奇的销售业绩，一船受损的香蕉用了不到半天的时间就销售一空了。普洛奇之所以能做到这一点，是因为他很好地利用了人们的猎奇心理。

猎奇心理是一种普遍的心理需求，泛指人们对于自己尚不知晓、不熟悉或比较奇异的事物或观念等，表现出的一种好奇感和急于探求其奥秘或答案的心理活动。

在人际交往的过程中，我们不能忽视交际对象的这种特殊的、潜在的心理需求，要学会适当地满足对方的猎奇心理，这样有助于拉近彼此的心理距离，轻松地让彼此产生心理上的认同感，从而实现和谐交际。

CHAPTER 6

积极生长：成为更好的自己

高敏感不是缺点，而是一种天赋

德国有一部动画短片名叫《斑马》，讲述了一个很有深意的故事：

一只原本无忧无虑的斑马，每日过着悠闲的生活。直到有一天，它撞到了一棵大树上，一切都变了——它的花纹变得乱七八糟，不管它怎么跑、怎么跳、怎么打滚，都没办法恢复成原来的样子。正当斑马为了这件事沮丧而抓狂时，它忽然发现周围静观的伙伴们竟然为它那变幻无穷的花纹欢呼喝彩。这是一次全新的发现，它也开始了与过去完全不同的“马生”。

很多时候，我们也如同这只斑马，拼命想要甩掉自己的“怪异”，却怎么也难以如愿。实际上，那份“怪异”不一定真的是弱点和不足，它极有可能是我们区别于他人的特质，甚至是一种独有的美好，只是因为自我认知向负面极度扭曲，让我们无法真实客观地评价自己。

生活中有一类人属于高敏感型人格：他们总是怀疑自己是否优秀，能否让别人真正喜欢自己；一旦伤害了他人，会感到极度愧疚；与人争辩时不知说什么，到了第二天才意识到该怎样回应；面对大量的信息和变化，很容易产生焦虑的情绪；他人眼中的小事，到了自己这里就变成了强烈的打击……有些时候，他们会很讨厌自己，讨厌脑子里那些乱七八糟的想法。

需要澄清的是，这里说的“敏感”不是字面意义所示，而是一个变化的区间。在同样的情形和刺激下，每个人的神经系统的受刺激程度存在差异，具有高敏感特征的人群，能够感受到被他人忽略掉的微妙事物，自然而然地处于一种被激发的状态，这是一种生理特征。

从人格角度来说，高敏感型人格不是病，只是一种特质。然而，许多高敏感型者不能正确认识自己的这一特质，导致他们像那只变了花纹的斑马一样，陷入非正面思考与自我否定的旋涡中，迫不及待地想要摆脱敏感的特质，他们所认定的解决问题的方式，就是不再敏感，甚至是变得麻木。

心理学家荣格说过："高度敏感可以极大地丰富我们的人格特点，只有在糟糕或者异常的情况出现时，它的优势才会转变成明显的劣势，因为那些不合时宜的影响因素让我们无法进行冷静的思考。没有比把高度敏感归为一种病理特征更离谱的事。如果真是这样，那世界上 25% 的人都是病态的了。"

如果你是高敏感型人格者，请不要对抗自己的这一特质，也许它偶尔会给你带来一点烦扰，但它也是上天赐予你的珍贵礼物。高敏感的特质让你具备敏锐的直觉、注意到许多被他人忽视的细节、有较强的共情能力，同时富有想象力、创造力、激情与爱心，这些都是你的独特优势。你要做的是放大自己的优势，控制自己的负向思维，当内心的思绪困扰你时，正确地引导自己走向正面。

这里有几条小建议，希望可以给你带来一些帮助：

建议 1：关注一件事物时，避免让消极信息全线侵占脑海，你要不断强化积极的信息，让认知重新获得平衡。

建议 2：不要过分在意他人的看法，肯定自己、做好自己应该做的，不追求让每个人都满意。只要问心无愧，至于别人怎么看，有他们自己的原因，不要全部归咎于自己。

建议 3：适当降低自我要求，减少对自己的苛责。有时只是把要求放宽一点点，带来的体验就会截然不同，你会发现哪怕做得不是特别好，人们依然会喜欢你。

建议 4：照顾别人需求的同时，也要照顾自己的感受。

建议 5：如果知道自己不擅长什么，在什么样的环境下会感到压抑和痛苦，且尝试过努力调节，却始终无效，就不要勉为其难了，可以适当回避那些会触发消极反应的环境。

建议 6：学会充实自己的生活，找到自己喜欢的事，太闲了容易胡思乱想，过度解读外界传达的信息，也很容易放大自己所处境况的严重性。

总之，高敏感者应当学会为自己的这一特质感到庆幸，哪怕它偶尔会给你的生活带来一些困扰，但只要你能够适当地控制负性思维的影响，你会比其他人感知到更多的美好。

激发内在潜能，打开自己的宝藏

看过电影《阿甘正传》的人，一定还记得出现在镜头下那根羽毛，它在空中时而迎风飞舞，时而缓缓飘荡，像极了阿甘的人生。

阿甘是一个智商只有 75 的人，可他却活出了常人都难以企及的精彩，长跑、打乒乓球、捕虾、创业……几乎做什么都成功，他经常挂在嘴巴一句话是："我妈妈说，要将上帝给你的恩赐发挥到极限。"

其实，这部影片是在借助阿甘这个特殊的角色告诉我们：无论你是多么平凡，多么普通，那都只是一个表象，不要为此对自己感到失望，更不要为此而感到自卑，因为你的身上隐藏着巨大的潜能。事实上，人人都是一座宝藏，蕴藏着无限的潜能，只是鲜少被自己意识到。

相关研究证实：一个普通人一生所发挥的能力，只占他全部能力的 4%，而潜能的力量是有意识力量的 3 万倍！大脑在兴奋时，只有 10% 至 15% 的细胞在工作，可以存储多达 10 个信号，而留下记忆里的却只有很少的一部分。正常人的阅读速度大概是每小时 30 页到 40 页，而经过训练的人却能够达到每小时阅读300 页！如果我们能够发掘隐藏在体内的潜能，可以克服许多遗传性的弱点，抵达一个超乎想象的高度。

那么，怎样才能够激发出自己的潜能呢?

美国著名心理学家 W. 詹姆斯发现：一个人的能力在平时的表现和经过激励后的表现几乎相差 1 倍。经过激励后，人的心理动力会加大，积极性大幅提升。在没有激励的情况下，心理动力很小，积极性比较低。积极性的发挥，取决于能力和动力，而能力的发挥很大程度上跟动力有关。激发了内在动机，就有了一股强大的力量，催促着自己朝着既定的目标加速前进。

激励分为两种，一种是物质激励，另一种是心理激励。就成功这件事而言，心理激励更为重要。因为物质激励的结果性更强，只能在短期内鼓舞士气，时间久了就会令人产生倦怠；心理激励则不然，它是先行的，不会因为时间长了而降低效用。

与此同时，激励还分外在激励和自我激励。对渴望成功的人来说，自我激励是必不可少的，它不受环境、人物的局限，随时随地都可以进行。我们在生活中会接触到大量的负面信息，面对这些内容时，就要学会主动给予自己正面的、积极的暗示，这个过程就是自我激励。

我们可以在平时尝试一下这些做法：有意识地激发自己对工作的热情，每天花点时间做自己喜欢的事，体会到工作的乐趣；每天回想一下当天发生的令自己感到骄傲的事情，哪怕是很小的事情，都能够成为一种鼓舞；把能够展示自我价值的东西摆在眼前，时刻吸收它带来的正能量。请记住：我们的身体里住着一个“巨人”，当你不断去挖掘这个“巨人”时，它就会被唤醒。待到那时，你也将更加强大！

努力很重要，找对位置更重要

诺贝尔化学奖获得者奥托·瓦拉赫有着传奇的一生。他的父母酷爱文学，一直希望他能在文学方面有所建树，在瓦拉赫读中学时，父母就为他选择了一条文学之路。瓦拉赫在文学的课堂上读了一个学期，可在期末时得到的评语却是："瓦拉赫是一个听话的孩子，也很努力，但过度拘泥。虽然他有着美好的品行，但很难在文学上崭露头角。"

父母看过后，决定放弃对瓦拉赫在文学方面的培养，送他去学习油画。结果，瓦拉赫不会构图，也不会调色，对油画的理解力很差。期末考试，他成了班里成绩最差的。

瓦拉赫一度被学校视为最笨拙的学生，很多老师都觉得他不可能成才，可唯独化学老师很欣赏他，认为他具备做好化学实验的基本品格。后来，父母接受了化学老师的建议，送他去钻研化学。结果，就是我们看到的，瓦拉赫获得了诺贝尔化学奖。

鉴于瓦拉赫在化学方面的成就，心理学家总结出了一个规律，并将其称为瓦拉赫效应：即人的智能发展会呈现出不均衡性，每个人都有自己独特的智能强点和弱点，能够找到智能强点中的最佳点，自身隐藏的潜力就会得到极致的发挥，取得惊人的成绩。

瓦拉赫的经历提醒着我们：倘若在某个领域内不停地努力，仍然无法完成任务，或是取得成绩，那很有可能是定位错了。唯有深刻地认清自己的特点，给自己圈定了一个范围，精准而有效地去提升自我，才能实现自身资源的优化配置。

不过，要找到适合自己的位置并不容易，环境的限制、变数的捉弄，都可能阻碍我们走向这个位置。那么，怎样确定一个位置是否适合自己呢？至少应当符合三个条件：

条件 1：深层动力——有强烈的兴趣，即便没有薪水也愿意去做。

条件 2：意义感与价值感——有明晰的意义感，确信自己在其中实现了自我价值。

条件 3：变现能力——有实际的经济收获，能够依靠它维持生活。

如果你对现下的工作状况不太满意，甚至对工作提不起兴致，那你有必要认真地想想：这个职位到底适不适合你？你是否有必要重新给自己定位？在扭转现状的过程中，不要焦急忙慌，也不要妄自菲薄，一定要记住："每个人在努力而未成功之前，都是在寻找适合自己的种子。如同一块块土地，肥沃也好，贫瘠也好，总会有属于这块土地的种子。"

建立学习与愉悦体验之间的条件反射

回顾一下：在学习这件事情上，你调动的意志力有多少？

如果你是发自内心地想去学习，乐于学习，那么恭喜你，你已经踏上了一个正向的循环。如果你总觉得是被迫去做这件事，多半都要靠意志力完成，那么不得不说，你在潜意识里已经把学习视为一种痛苦的牺牲，逛街、追剧、刷抖音、打游戏才是愉悦的享受。

带着后面的心理，每次在学习的过程中，大脑内部与痛苦相关的区域都会被激活，然后就促使着我们把注意力转向那些不痛苦的事情上，如看电影、发朋友圈、购物等。时间久了，大脑就建立起了一个稳定的神经结构：拿起书本就犯困，做两道题就难受，时不时地就把手机打开，随意浏览几下，这些习惯性的动作你可能自己都意识不到。

在这个终身离不开学习的时代，想要把学习不痛苦地坚持下去，成为一种自动的习惯，就得想办法撬动内驱力，建立愿意学习、主动学习的循环。要实现这一良性结果，就必须在学习和愉悦之间建立反射，即让学习变成一件快乐的事，给大脑重建一个稳定的神经结构，一想到学习就能产生美好的、喜悦的感受。

可能会有人不太相信，真的可以这样吗？当然，只是需要一定的条件。

试想一下：如果让你长期做一件事，又很快乐，你觉得会是什么事？

可能每个人给出的答案都不一样，但多半都包含着三个要素：感兴趣、能做好、有价值。这三者是融会贯通的：单纯喜欢一件事，而不能带来成就感和价值，很可能越学越受挫，难以持续下去；完全不感兴趣，就算知道它是有价值的，也不愿意去学。只有既喜欢，又擅长，能学好，体会到价值，才能形成一个良性的循环。

这里有几条实用的建议，希望对你有所帮助：

建议 1：按照现阶段所需去学习

我们学习的东西，一定是现阶段需要的，最好能有一点紧迫感，即学即用。如果压根都没有机会用到，学得再好也是枉然。如果学习的内容对将来很有用，而现阶段却又看不太出来，就需要创造一个短期价值场景。比如：你对逻辑和思维方面的内容很感兴趣，又难以在短期看到学习效用，可以要求自己每天在公众平台分享一些总结、反思和应用的方法，他人的反馈也能给你带来价值感和成就感，让你乐于把这方面的学习坚持下去。

建议 2：坚持在“学习区”内学习

有效的努力和提升自我，要坚持在“学习区”学习，所学内容不能超出过往经验太多，否则就跳到了“恐慌区”。那样的话，不仅学起来费劲，也很难看到价值、产生成就感。比如：金融与你的工作和生活相差甚远，而你现阶段也用不着，这样的学习既枯燥又难懂，很难带来价值感和成就感。

建议 3：调整对学习的态度

心理学上讲，不值得的事就不值得做好。当你心里对某件事物产生了抵触和排斥的情绪时，就不可能竭尽全力地去做，被动地、机械地、麻木地学习，必会感到厌烦。你对待学习的态度，直接决定着你最终是否能够喜欢它。人的兴趣不是一成不变的，很多人开始并不喜欢一样东西，却依然能保持一颗沉稳的心，坚持“爱我所做”的信念。然后，在投入的基础上，获得了价值感和成就感，因而萌生了兴趣与热爱。

建议 4：找到适合自己的方法

个体之间是存在差异的，且在认知方式上都有自己的特点和习惯。有人善于思考，有人善于行动，有人喜欢独自总结，有人喜欢多人探讨，这些都是受天性影响形成的学习风格，很难调整。风格只有不同，没有好坏之分，适合自己就好。学习力强的人，往往都很清楚自己的学习风格，能够明确优劣势，不断调整学习方法。

总而言之，真正能够持续且有效的学习，一定要跟愉悦、成就等积极的体验挂钩，在学习的过程中感受到快乐。只有这样，才能够把学习变成一生的习惯，长久地坚持下去。

学会独立思考，撕掉思维里的标签

人丧失了独立思考的能力，就只会人云亦云，随波逐流。现代社会中有不少年轻女孩，看到短视频中火起来的网红，就觉得“当网红能赚钱”。接着，就开始攒钱或借贷去整容，试图把自己变成“网红”模样，复制她人的成功之路。结果呢？“网红”当没当成不知道，欠下高额债务的却大有人在。

没有独立思考的能力，很容易受到外部环境的影响，难以对一件事有系统的、深刻的认识，更难以表达出自己的独到见解。特别是在信息过剩的时代，我们随时都可以获取大量的信息，如果缺乏独立的思考，就会被大量的信息裹挟，难以决策和行动。

诺贝尔经济学奖获得者卡曼尼认为：大脑有快慢两条做决定的途径，常用的、无意识的“途径 1”是依靠情感、记忆和经验迅速做出判断，属于快思考、直觉思考；有意识的“途径 2”是通过调动注意力来分析和解决问题，并做出决定，属于慢思考、理性思考。

在信息爆棚的今天，我们都有必要通过有意识的训练，掌握不同的思考方式，学会多角度理性地分析问题。那么，怎样才能培养和提升独立思考的能力呢？

要点 1：深入理解问题，为意见找到根据

对于很多事情，如果理解得不够深入，就很容易停留在表面，而不去探究事情的真实性，不经思考就得出结论或意见。人云亦云、网络舆论，多半都是这种情况。

要判断自己对一件事情是否真正理解，可以借鉴两个方法来进行检验：

检验方法 1——能够用浅显的话来解释清楚。

检验方法 2——用 5W-1H 来反驳，即：谁（Who）、什么时候（When）、做什么（What）、在哪里（Where）、为什么（Why）、怎么做（How）？这些问题可以根据场景来改变提问内容。

要点 2：分清事实和观点，不要混于一谈

事实是可以被证明的陈述，无论我们对一件事持有什么样的看法，它该是什么样就是什么样。观点，是我们对某件事物的看法或感觉，不一定都是符合实际情况的。当别人传递给我们一个讯息时，我们必须要弄清楚，他所说的到底是事实还是观点？分清楚了何谓事实，何谓观点，就不会轻易被他人的言论左右了。

要点 3：养成提问的习惯，反思论述过程

许多不负责任的、武断式的结论，都是在表述自己的观点，而非陈述事实。所以，我们要养成提问的习惯，去反思论述的过程，看是否存在逻辑漏洞。当有人对你说："某某做慈善，就是为了逃税！"时，乍一听好像没什么问题，可仔细回味就会发现，说话者在推理的过程中设置了一个大前提，即"做慈善都是为了逃税"，只不过他在表达的时候，没有把这个大前提说出来罢了。由于这个预设的大前提是不成立的，因而结论也是靠不住的。

独立思考，不是为了证明自己有多能，而是为了不轻信、不盲从，保持足够的理性。因而，无论遇到什么样的问题，都应当提醒自己：不要被先入为主的概念迷惑，要从正反两方面去思考，不轻易肯定，也不轻易否定。

设置你的心理界限，拒绝不等于自私

某电视台举办一场策划会，大家都各司其职地忙碌着，台里刚好有一位实习生，他的事情不算太多，主任就请他帮大家去买盒饭，每人一份，这顿饭算主任请客。没想到，实习生在听到这个要求时，表情瞬间变得很严肃，他很正式地对主任说："非常抱歉，我不会帮您去买盒饭，我学的是导演专业，来电视台就是想学习这方面的知识，不是来跑腿打杂的。"主任听到这番回答，虽然很惊讶，却也没有反驳。

这件事被曝光后，引发了社会的广泛关注，而各界的看法也不一样。

有人觉得，这个年轻人很有主见，知道自己想要什么，该做什么，活得很真实，也很勇敢，不喜欢的事情就坚定地拒绝，不违心地难为自己。

有人把焦点对准了那位主任，结合自身的处境发表言论："领导们完全不考虑我们的感受，不管大事小事，我们的分内事还是他的私事，全都吩咐给我们做，我们不是下人，也需要尊重。"

还有人觉得实习生太小题大做了，且直接拒绝领导要求，缺乏尊敬，也有点自私。这样的年轻人与身边的人交流能力差，很难融入群体和社会，等等。

总之，这个盒饭事件，可谓是众说纷纭。我们很难评论，到底谁对谁错，因为事情总是多面的，不能片面地看问题，而是要从各个角度全面来分析。但通过这件事，我们也会发现一个事实：每个人的处境不同，拒绝别人的界限不同，因而对事情的看法也不一样。

什么是界限呢？简单来说，就是“心理界限”，它能让你能清楚地知道：哪些领域是你的，是别人不能侵犯的；一旦越界了，你就不再是真正的你，以及你想成为的你了。有了这个界限，在面对他人的请求时，你就知道该不该拒绝了。

有些人对“心理界限”心存偏见，会将其跟“自私”联系在一起。有人觉得，拒绝他人，往往就是不替他人着想，是冷漠的象征，这样的人是不会受欢迎的，可能会被孤立。事实上，这是对“心理界限”的误解。

约翰·汤森德博士写过一本书，里面专门讨论了“心理界限”。他说，“心理界限”健全的人，对于生活和他人都有明朗的态度，做事的立场也很坚定，观点清晰，有自己的追求和信仰；相反，生活中没有“界限”的人，恰恰是因为心里没有判断的标准，因而做什么事都举棋不定、态度暧昧，对待爱情、工作和生活，完全没有参考的标准。这样的人在与人交往时，总处于被动的境地，一旦别人态度稍微强势些，他们就会毫不犹豫地妥协和退让。

设立拒绝界限不是盲目的、随意的，先要分清是非，做到公私分明。在集体中，要严守规则制度，不能做出格的事。然后，以此为基础，维护自己的利益，满足自己的“私”求，让自己活得更好。关于如何对“私”，我们不妨参考美国励志导师奥里森·马登的建议：

“如果一个人有自己的主见，他在任何人面前、任何场合都能够慷慨陈词，表明自己的想法，捍卫自己的利益。相信自己、坚定立场、坚持主张，你不但会让自己活得舒心而且也不会丢掉你的工作；如果你做事毫无主见，你在生活中就会瞻前顾后、畏首畏尾、胆小怕事，活得不自在，很憋屈。如果没有主见，你往往也会过低地估计自己的能力，害怕失败，不敢果断行事，因循守旧，在工作中很难有创新和突破。所以，缺乏主见的人在生活中常吃亏，在事业上难成功。”

奥里森·马登清楚地告诉了我们该如何设定拒绝的界限：当你在集体中时，要跟很多人产生关联，此时你要有主见，坚定自己的立场。因为，你坚守的是自己想要的东西，它体现了你的心声、你的愿望、你的尊严、你的价值，值得你去追求和捍卫。

摆脱不合理信念，让你的成长加速

什么是不合理信念呢？这是一个心理学领域的概念，简单来说，就是以扭曲、消极的方式进行思考，主要特征是：绝对化要求、过分概括、糟糕至极。

· **绝对化要求**：以自己的意愿为出发点，认为某一事物必定会发生或不会发生，如：我必须要获得成功；我那么喜欢他，他就应该善待我。我们知道，客观事物不以人的意志为转移，所以抱着这样的信念生活，很容易受到情绪的困扰。

· **过分概括化**：是一种以偏概全的思维方式，把“有时”“某些”过分概括成“总是”“所有”，如：这次考试我没通过，我真是太没用了；他背着我爱上了别人，男人没一个好东西……通过一件事或某几件事来评价自己或他人的整体价值，都是不合理的。毕竟，人无完人，谁都有犯错误的可能，且出现问题的原因也不尽相同。

· **糟糕至极**：认为如果一件不好的事情发生，那将是非常可怕和糟糕的，如：我没考上大学，这辈子完了。这样的想法是非理性的，因为对任何一件事来说，都会有比现在更糟糕的情况发生，没有一件事可以被定位为糟糕至极。

经常被不合理的信念包裹，是一种无谓的消耗。那么，如果我们产生了不合理信念，并受到其困扰，该怎么处理呢？

针对这个问题，美国心理学家艾利斯提出了一个 ABCDE 模式：

A：事件——梳理诱发事件，即任何引起紧张的情形。

B：信念——整理出由该事件带来的信念，即如何评价诱发事件。

C：结果——评估结果，即消极信念导致的消极行为，会带来什么样的结果。

D：驳斥——积极驳斥那些非理性信念。

E：交换——由理性信念带来的积极的新行为结果。

我们以一个简单的生活实例为模板，来呈现一下具体的应用过程。

客户对你的新方案提出了修改意见，这是一个诱发事件。听到这个消息后，你的脑海里冒出了一个想法，也许是我的能力有限吧？这个信念让你感觉自己不够好、思维不灵活，不符合客户的期待和要求，你甚至想到让老板把这项任务转交给其他人。

请注意，上述的戏码都来自你的想法，而不一定是事实上。这个时候，就要与不合理信念进行驳斥，你可以找到一些积极的信号，比如：在整个沟通的过程中，客户的态度是很诚恳的，也认可了我的一些想法，他应该是不太喜欢这种表述方式，而不是在质疑我的能力。

现在，你就可以试着打破原有的方案风格，重新找一些切入点，对其进行修正。

有没有发现，事情本身没有发生任何变化，但是改变了看待它的方式，就能对我们产生不一样的影响？希望这个方法的分享，能够给你带来一些切实的帮助。

CHAPTER 7

情绪疏导：唤醒自愈的力量

压力专题：与压力共处是一辈子的功课

压力是个体在心理受到威胁时产生的一种负面情绪，同时也会伴随产生一系列的生理变化。

适度的压力，并不是一件坏事，它能够促使我们不断地提升自我，让生活变得更充实，让人生变得更有意义。心理学研究表明，早年的心理压力是促进儿童成长和发展的必要条件，经受过生活压力的人将来更容易适应环境；如果早年生活条件太好，没有经历过任何挫折和压力，心理承受能力与环境适应能力都会突显出不足。

事实上，压力本身并不必然导致身心健康异常，真正伤人的是长期的、过度的心理压力。当一个人长期处在压力之下时，身体中的皮质醇就会分泌过量。皮质醇的主要功能是在外界压力突然出现的短时间内，迅速提升人体的生理和行为反应，以适应特殊环境的变化。如果皮质醇持续分泌，交感神经一直处于高度兴奋状态，皮质醇的调解模式就会失常。

皮质醇是把心理压力转化为神经症的生理中介，当这个中介出了问题以后，心理的问题就会通过生理的方式呈现出来，导致血压升高、免疫力下降、消化功能遭到破坏、身体疲劳、记忆力和注意力减退……这也是为什么心理老师建议，神经内科的患者，适合接受心理咨询。

在面对压力的时候，不少人的第一反应是厌恶，想要把它彻底清除掉。其实，这是一个认知误区，正确应对压力的方式不是去消灭它，而是从认知上调整对“压力”这个现象本身的焦虑，学会与压力共处。毕竟，人生的任何一个阶段都不可能完全没有烦恼。

我们要坦然地接纳压力，它就是生命和生活的一部分；对于压力带来的紧张情绪，要学会调适，为自己树立切实可行的目标，切断那些把情绪带入深渊的欲望，在豁达与变通中，与压力共舞。与压力和平共处，方法有很多，究其根本而言，主要遵从三个法则：

法则 1：减少压力源

生活中有很多压力是不必承担的，比如：太过争强好胜，不懂得拒绝他人，对自己的期望不合理、太过在意他人的看法等等，这些都会给内心带来压迫感与紧张感。对于这样的压力源，就要人为地进行干预，不要凡事都揽在自己身上，要适度表达和满足自己的需求，不要承担超过自身能力限度的任务。

法则 2：提高自我效能

所谓自我效能，就是个人对自己能力的判断，对自己获得成功的信念强弱。高自我效能的人，有信心应对压力，会把压力视为挑战而不是威胁。在遇到挫折和困难的时候，不会自暴自弃，懂得自我调适。相反，低自我效能的人，会把压力视为威胁，由此感到惊慌失措，很容易被压力打倒。

自我效能的高低与个人的经验、受教育水平等有关，努力学习技能、多积累正向经验、接受自身的缺点、学会自我赏识和自我激励，都是有效的措施。总而言之，生活从来不会变得容易，如果有一天它显得“容易”了，也是因为我们自己变得强大了。

法则 3：掌握应对方法

逃避，永远只是暂时躲开压力的威胁，迟早还是要面对。只有掌握积极有效的应对方法，才能从根本上解决问题。具体来说：面对压力的反应，我们在解决策略上有两种取向：其一，情绪焦点取向；其二，问题解决取向。

情绪焦点取向，就是控制个人在压力之下的情绪，事先改变自己的感觉、想法，专注于缓解情绪冲击，不直接解决压力情境。问题解决取向，则是把重点放在问题本身，在评估压力情境的基础上，采取有效的行为措施，直接解决问题，改变压力情境。

具体要怎么操作，要看当时的个人状态和处境。如果说，问题一目了然，只要采取行动，就能消除紧张和压力，自然就可以直接选择问题解决取向。如果个人的情绪很糟糕，脑子一片空白，根本想不出解决问题的办法，那不妨先调整情绪，而后再去解决问题。

压力专题：学会适当倾诉，苦痛不必独自扛

真正的强大，不是把所有的情绪都默默地装在心里，所有的事情都扛在自己肩上沉浸于苦难之中，而是在任何境况下，都能够让自己保持最佳的状态，与外界的阴晴雨雪和平共处。当变故如潮涌般袭来时，要勇敢地敞开心扉，给这些压抑的情绪找一个出口。

倾诉是一扇门，你把它打开，心中的快乐和悲伤就能够自由地流淌；倾诉是一面镜子，能够照得见别人，也可以看得见自己。不过，倾诉和宣泄也是要讲对象和方式的：

倾诉要点 1：向关心和理解自己的人倾诉

当你感觉内心承受的压力过大时，要学会适当地倾诉，但前提是“找对人”。有时，给我们造成心理压力的恰恰是难以启齿的因素问题，所以我们需要选择一些真正关心和理解自己的朋友去倾诉，确保倾诉之后不会闹得“人尽皆知”，给自己带来更多的麻烦。如果身边没有这样的知己，陌生的网友或是心理咨询师，也可以作为倾诉对象，因为彼此之间没有生活交集，既能有效地让自己缓释压力，也不必担心“秘密”被泄露。

倾诉要点 2：别把倾诉变成无休止的抱怨

找到了倾诉对象，不要没有节制地把心里的“垃圾”乱倒一气，反复地诉说你的抱怨。如此一来，不管对方和你关系多么亲密，他也难以忍受，因为负面的情绪是会传染的，影响到了对方的情绪和生活，你的倾诉

就成了骚扰。特别是家庭的琐事，别人未必能够与你产生共鸣，你的喋喋不休只会惹人厌烦。

倾诉要点 3：不要过分放大困难不能自拔

每个人都会遇到困境，不要人为地去放大困难，陷入其中不可自拔。沉溺在苦难中，就如同将心灵置于垃圾堆中，它会毒化心灵，使心灵失去光泽。如果你找不到一位令人感到安全的听友，那就试着想其他倾诉的办法，比如找心理医生，或者把坏情绪写出来，发到私密的网络空间，或是说给陌生的网友，这些都能够帮你倾倒出心灵垃圾。

内疚专题：不健康的内疚是插在心头的刀

心理学家霍夫曼认为："内疚是个体危害了别人的行为，或违反了个人的道德准则，而产生良心上的反省，对行为负有责任的一种负性体验。"

世间不存在完人或圣人，没有谁能保证自己的言行举止完全符合自己订立的标准，哪怕是非常优秀的人，也难免会有意无意地做出冒犯或伤害他人的行为。所以，内疚的感受对我们而言并不陌生，甚至是很熟悉的一种体验。相关研究的统计数据显示：人们每天大约有 2 个小时会感觉轻微的内疚，每个月大约有 3.5 小时会感觉严重内疚。

适当的内疚是健康的，是我们获取责任感的重要方式，提醒我们做一个善良的、对他人有益的人。它犹如一个警报器，如果我们已经做了或即将做出一些违反个人标准，或会对他人造成伤害的事情，可以及时地对自己的行为进行评估和调整，尽力弥补，并向他人道歉。在这样的情况下，内疚感很快就可以消散。

然而，凡事有度，过犹不及。如果内疚感过于强烈，且长期弥漫不散，那就是不健康的内疚了，它会成为心灵上的毒药。美国纽约大学心理学博士盖伊·温奇认为：不健康的内疚，多半都与人际关系相关，它们通常有以下几种形式：

形式 1：未解决的内疚——想要道歉和弥补却没有做，或是做了没有得到原谅

对他人有意无意的冒犯或伤害，都可能会引发内疚感。如果我们认识到了问题所在，且想承认和弥补错误，只是不知道该选择什么时候道歉比较合适，就一直搁置着这件事。在这样的情况下，内疚感就会持续存在。比如：某男在年少无知的时候，以侮辱性的言辞伤害了一位身体有缺陷的同学，待成年后回想起来，深觉不该如此。只是，多年过去了，再也没有那位同学的消息，这份无法解决的内疚，就成了他心头难以愈合的伤口。

还有一种情况是，有时尽管我们采取了道歉的行动，但因为对方遭受的伤害过大，无法给予原谅，这也会导致我们的内疚感无法消除，继而发酵成为一种情绪毒素。

形式 2：分离内疚——因照顾或处理自身的事情，没有考虑或照顾到他人

这种情况在生活中是很常见的，比如：有些女性在产假结束重回职场后，遇到出差等情况，总觉得对不起孩子；有些人因出国读书或工作，不能经常陪伴在父母身边，哪怕父母得到了很好的照顾，也可能会产生分离内疚，因为父母会想念自己。

形式 3：幸存者内疚——为自己在创伤事件中幸存而内疚，宁愿自己也遭遇不幸

20 世纪 60 年代，研究者在针对犹太人大屠杀的研究中发现：那些在痛苦中幸存下来的人们，并没有想象中那么幸福快乐、感恩生活。相反，他们一直在饱受“内疚”与“自责”的煎熬。后来，研究者们又在自然灾害、战争、恐怖袭击、空难等天灾人祸中，相继发现了这样的情况。自此，这种现象就被命名为“幸存者内疚”。

随着研究的深入，人们发现“幸存者内疚”不只在极端情境下会出现，在日常的考试、裁员、竞争等更广泛的情境中也存在。比如，经济危机之下，不少同事被裁，而自己却留下了；高考过后，自己考上了好的大学，同伴却落榜了。

形式 4：不忠的内疚——追寻个人目标时，没有遵从亲友的意愿与期待

有一对从事教育工作的父母，对儿子寄予厚望，希望他将来能够在学业上有所建树，但儿子却没有遵从父母的意愿，径直选择与朋友一起创业。尽管他按照自己的想法做出了选择，可心里却总觉得对不住父母。

以上四种形式的内疚，都属于不健康的内疚，需要我们识别和注意。一旦任由这些内疚感持续，将会严重影响我们的心理健康和生活质量。有时，为了减轻犯错导致的内疚，一些人还会尝试自我惩罚，做出自我破坏甚至是自我毁灭的行为，试图“以痛苦缓解痛苦”。

无论是什么原因（自身有错或无错），导致了不健康的内疚，我们都不能坐以待毙，要根据实际情况选择恰当的方式去处理，为自己缓解情绪痛苦，积极地解决实际问题。

内疚专题：用真诚有效的道歉获取谅解

从理论上讲，我们意识到了自己的行为给他人造成了伤害，并主动向对方表达了歉意，如果过错不算太重的话，对方应该会予以原谅。然而，实践研究表明：针对冒犯进行简单的道歉，其无效的概率远远超过我们的想象。更糟糕的是，这种处理方式还可能会让对方认为，我们的道歉是言不由衷的，完全是在敷衍，进而导致事态升级。

为什么会出现道歉无效的情况呢？这个问题困扰了心理学家们多年，尽管他们也进行了大量的研究调查，但侧重点全都指向了道歉的是原因与时机，而没有深入考虑道歉的方式，以及有效道歉与无效道歉的区别。后来，人际关系专家与研究人员意识到了这一点，又开始研究怎样道歉才能够获取对方的原谅，并最终发现了影响道歉效果的四个重要因素：

要素 1：共情对方的感受

假如有人冒犯了你，让你失望了，你会只想听一句云淡风轻的“对不起”吗？我想，这轻飘飘的三个字，肯定无法让你平息内心的愤怒与难过。相比之下，你可能更希望对方能够“明白”你的感受，并在道歉中表示出已经认识到自己的言行给你造成了情绪痛苦，并愿意为此承担全部的责任。当对方这样做的时候，相信你的负面情绪能够得到大幅度的缓解，也更容易放下内心的怨怼。

在共情对方的感受时，务必做好以下几点：第一，允许对方描述事件的经过，这样可以跳出自己的视角，掌握全部的事实；第二，从对方的角度去阐述你对事件的理解，不去分析它是否合理；第三，告诉对方，你能够体会到这件事情对他造成的伤害；第四，共情对方的情绪感受，表达你的自责。

要素 2：提出弥补的措施

在共情了对方的感受以后，还要向受害方表明，你想要为此提供相应的补偿或赎罪。哪怕对方不接受，或可弥补的部分很少，也要这样做。对于受害方而言，这是很有意义的，至少他感受到了，你在试图采取行动来恢复公平与公正，也在进一步对自己的遗憾和懊悔做出正确的处理。

要素 3：承认错误，保证改过的决心

想要获得受害方的原谅，让其知道我们在此次事件中汲取了教训，至关重要。我们必须要明确地承认，自己的行为违反了哪些规范或期望，并且保证今后不会重蹈覆辙。如果有可能的话，还应当提出明确的计划，让对方看到你的决心和诚意。

要素 4：用实际行动去证明自己

空口承诺是无效的，必须用实际行动来证明。你真的说到做到了，可以再和对方确认一下，他是否已经原谅你了？这样的做法，可以促进彼此的关系，增强信任。

如果被伤害的人接受了我们的道歉，并予以原谅，这无疑能让我们的内疚感得到极大的缓解。可生活不能尽如人意，在某些情况下，尽管我们意识到了自己给他人造成了伤害，却没有机会跟对方道歉，或是努力了半天也没有获得原谅。面对这样的处境，又该怎样办呢？

坦白说，唯一能够缓解痛苦的方式就是——自我宽恕。

自我宽恕是一个过程，不是一个简单的决定，且在情感上也极具挑战性，但请相信你为之所做的努力都是值得的。学会了自我宽恕，才能让我们有勇气面对被自己伤害的人，减少自我惩罚与自我毁灭的倾向，回归正常的生活。

真要做到自我宽恕并不容易，因为自我宽恕不代表我们没有错，也不意味着我们的行为应该被宽恕或遗忘。我们要承认自己的错误，承认对他人造成的伤害，同时对自己的行为承担全部的责任，正视自身的问题所在。唯有完成这样的自我检讨，才能够真正地自我原谅。

焦虑专题：时刻被紧张缠绕着的焦虑者

心理学家阿尔伯特·艾利斯说过："人之所以会产生焦虑，是因为心里有欲望，意识到自己可能会失去，或有不希望发生的事情。如果人完全没有期望、欲望和希望，不管发生什么都漠不关心，那就不会产生焦虑，估计也就命不久矣了。"

健康的焦虑对人类而言是一种恩赐，它可以帮助人们获得自己想要的东西，避免担心的事情发生。比如，考试之前会紧张、焦虑，这是因为内心期待能考出一个好成绩，适度的焦虑会促使人去查漏补缺，做好充分的应试准备。一旦现实威胁消失了（考试结束了），焦虑情绪也会消失。这样的焦虑，就属于再正常不过的情绪反应。

焦虑超过了一定限度，即持续地、无具体原因地惊慌和紧张，或没有现实依据地预感到威胁、灾难，并伴有心悸、发抖等躯体症状，个体常常感到主观痛苦，且社会功能受到损害。这样的焦虑就是不健康的焦虑，会严重干扰当事人的生活。

我们不妨看看下面的这段描述，了解一下真实的焦虑症患者的体验：

早晨醒来，我感到疲惫不堪，又是一个无眠的长夜。

还没有起身，那熟悉的紧张感就袭来了，我可以清晰地感受到心脏的悸动、肌肉的僵硬，以及大脑不正常的兴奋。我有点儿痛恨自己，为什么不能像普通人一样平静？是的，不求多么快乐，只求一份平静，仅此而已。

紧张，消耗着我的身心，让我时刻都处在警惕状态。我从床上下来，洗漱、收拾，在6点50分准时走出家门。上班时间是8点半，只需半小时的车程，可即便如此，坐在公交车上的我依旧心急如焚，担心自己会迟到。

终于抵达公司，可我却像是已经工作了一整天，打不起精神。是的，糟糕的睡眠，对迟到的担忧，对拥挤车厢的烦躁，以及持续不断的紧张感，把我折磨得痛苦不堪。即便如此，工作还是要做的，且必须要做好，不能让老板失望。越是这样想，紧张感越强烈，让我根本没办法集中精力，一直在担心自己做不好会怎样？老板会不会嫌自己效率低？

午休时间，三个女同事凑在一起聊天，她们没有叫我。我忽然觉得，自己就是她们讨论的对象，这让我心烦意乱、坐立不安……到下午，我觉得累极了，可那份紧张感却没有因此戛然而止。我的大脑里频繁闪现令人痛恨的念头，我不禁开始恐慌：如果一直这样下去，我会不会失去工作？我该怎样养活自己？又靠什么照顾年迈的父母？

终于熬到了下班的时间，冬日的夜幕已降临。我乘着晃晃荡荡的公交车，回到了自己的住处，那个熟悉却乱成一片的临时的家。这一天就要结束了，我终于可以"休息"了，可是，真的能休息吗？等待我的，也许又是一个漫长而无眠的夜。

概括来说，焦虑症具有以下几方面的特点：

1. 焦虑情绪的强度，没有现实依据，或与现实的威胁不相称；

2. 焦虑是持续性的，不随客观问题的解决而消失；

3. 焦虑导致个体精神痛苦、自我效能下降，是非适应性的；

4. 伴有明显的自主神经功能紊乱及运动性不安，包括胸闷、气短、心悸等；

5. 预感到灾难或威胁的痛苦体验，对预感到的灾难感到缺乏应对能力。

现在，你应该知道了，焦虑情绪和焦虑症是不一样的。当你感到紧张不安的时候，不要急着给自己贴上焦虑症的标签，先试着去探寻自己焦虑的原因，这样的话可以有效地减少心理压力，如果是现实性的问题，也能把自己拉回到解决问题的轨道上来，用行动缓解焦虑。

焦虑专题：拨开恐惧与混乱，找回掌控感

很少有人能够明确地指出，焦虑情绪究竟是怎样产生的？专家认为，焦虑是由遗传因素、生物学因素、精神因素和性格特征等多重影响产生的。然而，无论是单一因素引发，还是多重因素所致，焦虑的本质都是一样的，即害怕面对不确定。

心理学家认为，“不确定”与“焦虑”之间关系紧密。当我们面对未知的、不确定的情形时，会产生一种不在掌控之中的不安全感。面对一种潜在的失控或不安全，我们所感受到的焦虑，其实就是潜意识里的恐惧，甚至是危机生存的恐惧。不确定性越大，我们的焦虑程度就越高。从这个层面来说，要缓解焦虑，务必要先处理恐惧情绪，协助自己找回掌控感。

方法 1：运动与正念，调节植物神经

运动的好处在于，可以增加大脑的多巴胺与内啡肽，让人获得平静与放松。比如，瑜伽、慢跑、游泳，都能够增加大脑中积极情绪的回路，从植物神经方面帮助我们调节恐惧情绪。除了日常的运动外，正念也是要极力推荐的一种缓解焦虑的方法。

所谓正念，就是有目的的、此时此刻的、不评判的注意带来的觉察。相关研究显示，两周以上的正念，能够增加个体内心的平静感，改善睡眠质量；八周的正念，对人脑部的功能有显著的改变，被试者负责注意力与综合情绪的皮层变厚，与恐惧、焦虑相关的杏仁核区域脑灰质变薄。

方法 2：系统脱敏，提高对恐惧的耐受力

系统脱敏疗法也称交互抑制法，是美国学者沃尔普创立的。

这一方法主要是诱导求治者缓慢地暴露出导致焦虑、恐惧的情境，并通过心理的放松状态来对抗这种焦虑情绪，从而达到消除焦虑或恐惧的目的。简而言之，如果一个刺激所引起的焦虑或恐惧状态，在求治者能够忍受的范围内，经过多次反复的呈现，刺激强度由弱到强，逐渐训练求治者的心理承受力、忍耐力，最终让其不再对该刺激感到焦虑和恐惧。

如果依靠自己的力量无法完成这一训练的话，千万不要勉强，可以寻找咨询师的帮助。

方法 3：清晰地描述令自己恐惧的东西

经常有来访者这样表达自己的感受："昨天老师让我试讲一个课题，我特别焦虑……"对于类似的情况，咨询师通常会用具体化的方式让其描述当时的情形，如：什么时间、什么地点、有哪些人参加？你讲的是什么课题？为什么要讲这个课题？你在哪一刻感到焦虑？焦虑的时候你想到了什么，又做了什么？

来访者在描述的过程中，会对整个事件进行反思和觉察，理清头脑中的思绪，看清整个事件的全貌和细节，并感知到自己的情绪。当一个人对自己焦虑、恐惧的东西变得了解和熟悉时，他会觉得更有控制感，从而减缓焦虑。

方法 4：对头脑中的事情进行优先级排序

焦虑的人，头脑中往往塞满了各种各样的想法和念头，在同一时间会想到很多件事。可以想象得出来，叠加起来的问题一股脑全来了，还要全部处理，势必会让人焦头烂额。要处理这样的情况，最可行的办法就是：把头脑中想到的事情列一张清单，并进行优先级排序。然后，选择优先级最高的那件事，全神贯注地去处理，完成一个再进行下一个。

这样的话，不仅能让所要做的事情变得一目了然，还可以在完成一项任务后获得成就感，激励自己继续行动，从而有效地减缓焦虑情绪。如果是一些长期的、难度较大的任务，可以对目标拆解、细分，制订详细的计划，明确执行方案、截止日期，按部就班地去做。当一块难啃的骨头被切成了多个小块后，看起来就没那么可怕了，也能提升个体对整个事件的掌控感。

焦虑专题：缓解焦虑情绪通用的“三步法”

焦虑是一种类似担心害怕的情绪体验，焦虑者时常会处在不安的状态中，吃饭不香，睡觉不实，整天都揣着心事，对身边的事物难以提起兴趣，经常会担心自己的身体出了问题，或是担心孩子的安危，抑或是自己的前途和未来。

其实呢？现实的状况并没有焦虑者想象的那么糟糕，还没有到身临困境或危险的境地，那只是他们预感会有不好的事情发生，或是对事情可能出现的各种结果把握不定。

这种焦虑的情绪，会出现在各个年龄、层次的人身上，就算是大人物也难免会患焦虑症。格兰斯顿曾经担任四任英国首相，可每次演讲之前他都会失眠，为自己该说什么、不该说什么而担忧。他是一个虔诚的教徒，可即便如此，依然在这方面浪费着大量的时间和精力。

有没有什么办法，能够迅速地减缓焦虑，找回一些平静呢？

美国著名工程师成利斯·卡利尔曾经把一件工作搞砸了，将给公司带来巨大的损失。面对这样的突发事件，他心里焦虑万分，很长时间都陷入痛苦中不可自拔。幸好，最终理性还是战胜了糟糕的情绪，它提醒卡利尔，这种焦虑是多余的，必须要让自己平静下来才能想到解决问题的办法。没想到，这种强迫自己平静下来的心理状态，真的起了效用。后来的三十多年里，卡利尔一直遵循着这种方法，遇到事情先命令自己

“不许激动”。

卡利尔是怎么做的呢？结合他当时的处境，我们不妨借鉴一下他处理焦虑的步骤：

Step 1：冷静分析，设想最坏的结果

心平气和地分析情况，设想已经出现的问题可能会带来的最坏结果。当时，卡利尔面临的情况也比较糟糕，但还不至于到坐牢的境地，顶多是丢了工作。

Step 2：做好准备，承担最坏的结果

预估最坏的结果后，做好勇敢承担下来的思想准备。卡利尔告诉自己，这次失败会给我的人生留下一个不光彩的痕迹，影响我的晋升，甚至让我失业。可即便我丢了工作，我还可以去其他地方做事，这也不是什么大事。当他仔细分析了可能造成的最坏结果，并准备心甘情愿地去承受这个结果后，他突然觉得轻松了很多，心里不再压抑憋闷，找回了久违的平静。

Step 3：尽力而为，排除最坏的结果

心情平静后，把所有的时间和精力用在工作上，尽量排除最坏的结果。卡利尔的做法是，做了多次试验，设法把损失降到最低。后来，公司非但没有损失，还净赚了 1.5 万美元。

这三个步骤可谓是处理焦虑情绪的通用方法。毕竟，人陷入焦虑状态中时，会破坏集中思维的能力，思想无法专心致志地想问题，也很容易丧失当机立断的能力。选择强迫终止焦虑，正视现实，准备承担最坏的后果，就可以消除一切模糊不清的念头，让人集中精力去思考解决问题的办法。

另外，感到焦虑不安的时候，也可以主动把内心的担忧告诉身边可信任的人，减轻一下心理负担。如果没有合适的倾诉对象，也可以找一张纸，把自己的担忧写出来。这样做的话，可以理清思绪，让混沌不清的问题有个脉络；同时也能让自己清晰地认识到问题的性质，是否真的有那么糟糕？还能够从一些被忽略的细枝末节中，找寻到解决问题的思路。

说到底，上述过程的实质就是让自己冷静下来，明白事情最坏的结果是什么？自己有没有勇气去承担？当你能够回答这个问题后，焦虑自然会减轻很多。接下来，就是想办法阻止那个最坏的结果发生，当你找到了解决的办法，全力以赴让它变成现实时，很快就能从焦虑的情绪中跳出来，因为你的注意力全用在付诸努力上了，根本没时间去胡思乱想了。

抑郁专题：谁都可能与抑郁不期而遇

根据世界卫生组织提供的相关数据来看，全世界抑郁症患者已经达到3.5亿人，众多的抑郁症患者，不是矫情或无能，也不是“想不开”“小心眼”那么简单，很可能他们已经病了很久很久，却装作像正常人一样，没有人发现。持续的低落、疲惫、哀伤、焦虑、自责，让生活变成一团迷雾，看不到前方的路，也没有力气再走下去。

2003年4月1日，演艺圈为很多人喜爱的张国荣，因抑郁症离世。在坠楼之前，他写下了这样一段话：“Depression，多谢各位朋友，多谢麦列菲菲教授。这一年来很辛苦，不能再忍受，多谢唐先生，多谢家人，多谢肥姐。我一生没做坏事，为何这样？”对于这番遗言，医学教授林文杰表示：“我深信他最终的行为不是他‘自愿’或能‘控制’的。他深知自己的病情之严重而又积极寻医，遗书结尾更表达了他的极度无奈，以及留恋此世的意愿。”

抑郁症，不是脆弱和糟糕的代名词，世界上大约有12%的人曾在一生中的某个时期经历过相当严重且需要治疗的抑郁症。

不过，很多人对于抑郁症的认识存在偏差。在咨询室里，经常会有来访者说：“自从分手以后，我每天都很难受，不想吃饭，也睡不着觉，胸口一阵阵地憋闷，感觉就要死了，我是不是得了抑郁症？”

失去了相恋已久的爱人，或是亲人、朋友突然离世，会给我们带来很大的痛苦，悲伤压抑的情绪也会随之而至，这是在情理之中的。但这只能说明我们出现了抑郁情绪，不能直接下结论说一定就是患了抑郁症。如果来访者疑似抑郁症，咨询师会立刻让来访者去医院看精神科大夫，抑郁症等重性精神疾病，需要进行药物治疗和物理治疗。

那么，抑郁情绪和抑郁症，到底有哪些区别呢？

区别 1：抑郁情绪是心理问题，抑郁症是病理问题

人在生活中遭遇挫折打击以后，都会很自然地产生情绪变化，如感到悲伤、沮丧、失落等，这样的情况就属于抑郁情绪，不会持续太长时间。抑郁症是以抑郁情绪为表现的一种精神疾病，但它属于病理性的抑郁障碍，患者出现长时间的情绪低落、思维迟缓和运动抑制，感觉自己死气沉沉。曾有一位抑郁症患者在描述自己的感受时说："我感到自己是一个空壳。"

区别 2：抑郁情绪"事出有因"，抑郁症"无缘无故"

抑郁情绪往往都是基于一定的客观事物，也就是我们常说的"事出有因"。但抑郁症则是病理情绪抑郁，无缘无故地情绪低落，没有客观精神应激的条件。

区别 3：抑郁情绪有一定时限，抑郁症的症状持续存在

正常人的情绪变化往往都是短期的，可以通过自我调适，恢复心理平稳。抑郁症患者的抑郁症状却是持续存在的，不经过治疗的话，症状很难自行缓解，甚至还会加剧。精神医学规定，抑郁症的症状发作时间不应超过两周，如果超过一个月甚至持续数月或半年以上，就可以确定为病理性抑郁症状。

区别 4：抑郁情绪的程度较轻，抑郁症的症状较严重

正常的抑郁情绪通常是比较轻的，虽然悲伤低落，却不影响日常的工作和生活，会随着生活事件的解决而自然缓解。抑郁症的情况却不一样，其症状十分严重，会影响患者的学习、工作和生活，无法适应社会，甚至产生严重的消极厌世或自杀的倾向。

区别 5：抑郁情绪可以自行调节，抑郁症必须进行治疗

抑郁情绪的症状较轻，可以通过自身的积极调节而得到缓解。但抑郁症是病症，是大脑神经递质紊乱的现象，如果不经过治疗，是很难自行缓解的。

抑郁症是世界第四大疾病，且发病已出现低龄化趋势。遗憾的是，国内对于这一疾病的医疗防治还处于识别率较低的局面，只有 10% 的患者接受了相关的药物治疗。很多患者已经备受抑郁症的折磨，却由于对其认识不足或受病耻感的阻碍，没有及时地寻求帮助。

抑郁症不是错，也不可耻，它是一种疾病，需要使用药物和特殊的医学治疗方式才能够缓解。了解上述内容，有助于我们及时觉察和辨识自身的抑郁状态，也有助于消除对抑郁症的错误认知，给予身边的抑郁症患者更多的理解和支持。

抑郁专题：重塑思维模式，走出抑郁的阴霾

同样的际遇，不同的思维模式，决定了不同的人生。

对抑郁症患者来说，不良的思维模式，或者说认知障碍，是导致抑郁的重要根源。想要走出抑郁的阴霾，或是减少抑郁情绪的产生，最重要的一点就是重塑思维模式。从心理学的角度来看，最容易导致抑郁的思维模式有两种：一是消极悲观，二是反刍思维。

不良思维之消极认知

神经科学家指出，人之所以会产生抑郁，是因为负责动脑筋的“思考脑”与负责情绪的“感性脑”之间的交流出现了问题，让人不自觉地关注消极面，把失败、痛苦、挫折、打击等消极体验，牢牢地刻录在脑海中。相关研究显示，要中和消极事件给人带来的坏心情，竟然需要用三倍的积极事件来平衡。要摆脱消极认知的影响，就要增强负责乐观的大脑神经环路，在处理现实问题的时候，尽量秉承三点原则：

原则 1：不扩大事态

如果在恋爱这件事情上遭遇了挫折，不要说：“世间没有真情，以后再不会去爱任何人”，要尝试对自己说：“这一次的感情没有经营好，我学到了什么？下一次我要怎么做，才能避免出现同样的问题？”

原则 2：对事不对人

当一件事情失败的时候，不要把问题都归咎于自己：“我是一个彻头

彻尾的失败者”，这就等于把“人”和“事”混淆了。要试着对自己说：“这件事情我有处理不当的地方，才导致这样的结果，我需要多想想下一次该怎么处理更合适？”

原则 3：不夸张渲染

稍有不如意的时候，不要总是对自己说：“我这个人就是倒霉，什么事都不顺”，要知道这不是事实！你要学会对自己说：“为什么很多时候我做事都不太如意，到底是哪儿出了问题呢？我要怎么来避免？”

每个人在身处逆境时，都不免会有一些畏惧之心，但要学会客观地去看待问题，不能偏激地把原因归咎于自己，更不要过分夸大事情的影响。乐观和悲观一样，都是学习来的，不断尝试用积极的思维模式去处理问题时，久而久之就会形成习惯，创造积极向上的正向循环。

不良思维之反刍思维

过度关注痛苦的经验以及事物的消极面，会损伤我们的情绪，扭曲我们的认知，让我们以更加消极的眼光去看待生活，从而感到无助和绝望。反刍思维，就是不断地回想和思考负性事件与负性情绪，它会严重地消耗个体的精神能量，削弱其注意力、积极性、主动性以及解决问题的能力。在反刍的过程中，个体也很容易做出错误决策，进一步损害身心健康。

想要避免陷入抑郁情绪，或早日从抑郁情绪中走出来，及时叫停反刍思维。具体来说，打破反刍循环的方法有以下几种：

方法 1：分散注意力

当我们沉浸在反复回忆痛苦的反刍中时，提醒自己“不要去想”是无效的，而且大量的实验都证明，努力抑制不必要的想法还可能会引起反弹效应，让人不由自主地重复想起那些原本尽力在逃避的东西。事实上，与拼命地压制相比，更为有效的办法是——分散注意力。

相关研究显示，通过去做自己感兴趣或需要集中精力完成的任务来分散注意力，如有氧运动、拼图、数独游戏等，可以有效地扰乱反刍思维，并有助于恢复思维的质量，提高解决问题的能力。所以，大家不妨创建一张对自己有效的分散注意力的事件清单，在发现自己陷入反刍中时，立刻去做这些事，阻断反刍。

方法 2：切换看问题的视角

为了研究人们对痛苦感觉和体验的自我反思过程，科学家们试图找出有益的反省与消极的反刍之间的区别，结果发现：人们对痛苦经历的不同反应，与看待问题的角度有直接关系。

在分析痛苦的经历时，人们倾向于从自我沉浸的视角出发，即以第一人称的视角去看问题，重播事情发生的经过，让情绪强度达到与事件发生时相似的水平。当研究人员要求被试者从自我疏远的角度，即第三人称的角度去看待他们的痛苦经历时，他们会重建对自身体验的理解，以全新的方式去解读整个事件，并得出不一样的结论。

由此可见，切换看待问题的视角，从心理上拉开与自我的距离，有助于跳出反刍思维。

在实践这一方法时，我们不妨这样做：选择一个舒服的姿势，闭上眼睛回忆当时的情景，把镜头拉远一点，看到自己所处的场景。当你看到自己的时候，再次把镜头拉远，以便看到更大的背景，假装你是一个陌生人，正在路过事件发生的现场。确保，每次思考这件事时，都使用同样的场景。这样做的目的，有助于减少生理应激反应。

方法 3：认知重构

当我们感到悲伤或愤怒时，经常会有人这样劝慰我们："去打个沙袋吧！发泄一下。"这样做真的有用吗？有心理学家为此做了一个实验：把愤怒的受试者分成三组：第一组在想起惹自己生气的人时打沙袋；第二组在想起中性话题时打沙袋；第三组什么也不做。结果发现：第一组受试者在打完沙袋以后，变得更加愤怒了，也更想要报复；第三组受试者的愤怒程度更低，表现得最没有攻击性。

通过攻击良性对象来宣泄负面情绪，无法从根本上解决问题，还可能会加强我们的攻击冲动。真正能够帮助我们调节情绪的有效策略，其实是"认知重构"，即在脑海中改变情绪的含义，从积极的角度去解释事件，从而改变我们对现状的感受。

一位女士在35岁时罹患重病，这件事给她带来了深刻的负面影响。但这个既定的事实，也给她带来了"机会"那就是有了更多的时间和家人在一起、看书，培养新的爱好；借由生病的经历，她也深刻认识到了商业保险的益处，并成了一名出色的保险经纪人。

如果沉浸在"为什么是我患病"的反刍中，可能会让她跌入消沉的深渊，甚至让其病情恶化。然而，当她无力对事件本身做任何更改时，她选择了换一种方式去理解生病这件事，去重新构建它给自己生命带来的积极意义。

哀伤专题：丧失是无法回避的人生经历

心理作家丛非从说："我们总是会面临着失去，有些失去在经意间，有些失去在不经意间。有些失去我们准备好了，有些还没有准备好就已经发生了。当失去带着痛的时候，成了丧失。丧失的痛，就是哀伤。"

丧失，有时是丢了一件心爱的东西——

"当我随着拥挤的人群踏上地铁车厢之后，我忽然觉得少了点什么。是的，我的手机不见了，不知道是被自己掉在了站台上，还是被人偷了。我的大脑一片空白，又焦急又难过，我心里很清楚，大概率是不可能找回来了。那部手机我才用了一个月，挑选了很长时间，才下定决心分期购买的，竟然就这样丢了……自责、委屈、愤怒、心疼、无助，通通涌了上来，我不知所措，欲哭无泪。十几分钟前，我还在听着喜欢的音乐，转瞬之间，却再无法拥有。"

丧失，有时是失去了心爱的宠物——

"我十年前就开始了独居生活，不再期待必须与某个人共度此生，已依靠着金融方式为自己的后半生做好了规划。不过，单身主义和独居不代表不需要精神上的寄托与连接，金毛憨憨是带给我最多温暖的陪伴者，已经跟随我六年。可就在半个月前，憨憨因为意外去世了，我的心被划开了一道巨大的伤口，那是一个不见底的黑洞，我不想去看，怕被它吞噬。失去了憨憨，就像失去了亲人，我感觉生命向自己发出了残忍的一击，我痛恨自己没有保护好憨憨。”

丧失，有时是遭遇了突发的意外——

“我还记得那是2018年5月12号，早上我送孩子去幼儿园，没有违反交通规则，我等左转弯灯亮了才走的，可就在拐过去的那一瞬间，一辆大货车撞了我……我倒在地上，看了一眼孩子，迷迷糊糊地拨了家里的电话，就什么都不知道了。等我醒来的时候，得知孩子安好，心里松了一口气。但即刻我发现，医生给我做了右腿的截肢手术。我就这样永远地失去了右腿，右臂也损伤了神经，那一年我31岁，儿子4岁。”

丧失，有时是与至亲至爱的生死离别——

“临近天亮，我在昏昏沉沉中睡了一会儿，梦见了儿子。我拉着他的手，先是指责他为什么不跟家里人说一声就跑出去了，然后哭着说：‘妈都急死了，以为你不会回来了……’，哭着哭着，我感觉到了眼睛周围变得湿润，也听到了自己的抽泣声。梦醒了，我不再抽泣，而是嘶吼着痛哭，因为儿子不可能回来了，他已经离开这个世界261天了。”

丧失是痛苦的，却是人生无法回避的经历。

生离死别，向来是人生的高难度必修课。有所准备的离别，尽管会有心痛，却能在仪式中完成祝愿；没有准备的离别，如同生生地从心里剥离一块肉，来不及好好道别，多少委屈、误会、不甘都无法当面诉说。

丧失无法回避，这是不争的事实。然而，是不是经历了丧失，往后余生都只能在苦海里沉沦，再没有重新拾起生活的可能？不，事实证明，有很多人走过了生命中的丧失与哀伤，他们还帮助到了其他有相似经历的人。这就告诉我们，即便丧失不能避免，但我们依然可以选择和决定，如何去面对它、处理它，然后在挥手道别后，开始新的生活。

哀伤专题：为什么丧失让我们如此痛苦

与死亡相关的丧失事件，往往会给人带来重大的创伤。

大家经常会在心理学书籍或文章中看到“创伤”二字，那么到底什么是创伤呢？

美国 DSM4（心理障碍诊断分类手册第 4 版）中，对创伤作了如下定义：创伤是个体直接经历或目击一件涉及死亡，或者是威胁生命，或者是其他危害身体完整性的事件。在事件中，当事人会有强烈的害怕、恐惧反应，如果当事人是儿童，还有可能出现行为的紊乱或者积怨等反应，这就是创伤。

人在经历创伤以后，如果没有得到妥善的处理，就可能导致创伤后应激障碍（PTSD），这一情况在经历过战争的人身上，体现得更为明显。另外，自然灾害、公共人际间的暴力事件等，也会给暴露于在这些事件中的人员，如消防队员、救援人员、医护工作者等带来创伤，并存在一定的概率发生 PTSD。

为什么创伤会对人的身心产生严重影响，这到底是怎么发生的呢？

在经历创伤之前，我们往往都有一套比较稳定的信念，比如：我们会认为，生活是可以计划的、未来是可预期的、我们能够掌控自己的生活、我是有价值的、危险离我很遥远、人生充满了意义……这些信念让我们产生了一种错觉：我是安全的。这种错觉能够让我们维持美好的生活体验，觉得自己不是幸存的，就是在生活。

安全的状态永远是相对的。当我们遭遇意外等强烈的应激事件，且这些事件超过我们应对的范围时，就会把我们之前的那些美好信念全部摧毁，破坏我们对自己所饰演的角色的理解、对世界的看法，甚至破坏我们对人生的掌控感。需要说明的是，这种无法应对的感觉，并不是全然的事实，而是当事人的感觉——是当事人认为自己没有办法应对，但在现实中还是可以找到一些正向的资源。

丧失带来的创伤，之所以让我们感觉特别痛苦，是因为失去的那些重要他人，是一种延伸的自我。在生活中，与我们息息相关的事物、朝夕相处的家人、情感深厚的宠物，都具有一种象征功能，帮助我们去定义自己。当他们（或它们）成为我们自我的延伸后，我们就会赋予其很多的价值，并借助他们（它们）提升自己积极的自尊感。

无论哪一种丧失，都在某种程度上意味着我们丧失了一部分的自我，越是重要的丧失，就越觉得痛苦。对比不同的人来说，同样的丧失也可能有不同的反应，这主要受到三方面因素的影响：

第一，个体因素：包括人格特质、社会因素、过往的悲伤经验。

第二，丧失对象的死亡形式：如果死亡过于突然或太过不自然，超出当事人的预期，让他感到没有心理准备，都会增加悲伤的强度和悲伤持续的时间。

第三，与丧失对象的关系：当事人与丧失对象是什么关系类型？是感觉安全的关系，还是彼此之间存在冲突？是亲密信任的关系，还是爱恨交织的关系？这些都会对当事人的悲伤程度和表现形式带来影响。

无论丧失造成的悲伤程度如何，以及当事人遭受创伤时的表现如何，当涉及重建生活、实现情感与心理的完全恢复时，大家都面临的挑战是相似的。我们都要重新拼接心理的断片，把碎片重新装起来，形成一个功能齐全的整体。治疗心理创伤不但能够加快精神恢复，还能让当事人对生活做出有意义的改变，这也被称为“创伤后成长”。

哀伤专题：为丧失提供一个哀伤的过程

一位女士在丈夫遭遇车祸后，以最快的速度处理完后事，就辞掉工作，远离家乡，带着儿子去了另外一个城市。此后的十年里，丈夫的一切都成了禁忌，不能提及名字，所有的遗物和相片都封存在老房子里，她一次也不曾回去过。儿子渐渐长大，希望她能再找一个伴侣，可她却从不考虑。她拼命地工作，几乎不让自己闲下来，只有在夜深人静的时候，她会独自望着天花板发呆，而后蒙头痛哭。

丧失，会引起一种复杂的情绪，也就是哀伤。我们曾经以为会一直陪伴在身边的人、事、物，在意外失去时，会让人特别难受。这种难受里，夹杂着自责与内疚，痛恨自己为什么没有照顾好那个人，没有保管好那件东西，没有提前做一点什么来防止丧失的发生？这种难受里，还夹杂着愤怒，为什么这样的事情偏偏发生在自己身上？为什么这个世界如此不公平？为什么我一心向善，却要遭受这样的折磨？因丧失产生的这些情绪的复合，就是哀伤。这种强烈的情绪会把人困在过去，日复一日地咀嚼痛苦。

除了会引发负面情绪以外，丧失还会激发我们的防御机制，试图逃避现实，

电影《异度空间》里，女主角的房东是个老实憨厚的男人，原本有个幸福的小家，相亲相爱的妻子，和一个可爱的儿子。不幸的是，妻子和儿

子在一次意外的山泥倾泻中纷纷去世。女主角与房东合住在复式楼，本不知道他的遭遇，在拜访时看到客厅一些照片，就随口问他："那是你的家人吗？"他笑着说："是我妻子和儿子，他们都不在了，是意外。"

说这些话时，房东显得云淡风轻，就像在讲述别人家的故事。在心理学上，这种情况被称之为"情感隔离"，是一种常见的心理防御机制。有些异常的心理症状是折磨人的，但有些却能给人带来"好处"。情感隔离的积极意义就在于，它让人遇到了自己解决不了的问题时，潜意识地选择回避，不让自己对创伤和痛苦流露出情绪。

在情感上隔离，就能免除痛苦吗？

面对丧失，选择漠视、回避或情感隔离，也许可以在短时间内缓解痛苦，但终究无法真正地解决问题，那份痛苦会被压抑到潜意识层面，对生活产生潜移默化的负面影响。丧失是一个分离的过程，我们要为丧失提供一个哀伤的过程，允许自己去表达痛苦，这是自然疗愈的一个过程。

哀伤专题：哀伤的五个阶段，完成才能疗愈

美国哀伤与临终关怀学者伊丽莎白·库伯勒·罗斯（ElisabethKubler-Rose），在她 1969 年的著作《论死亡与临终》中首次提出了“五阶段理论”，试图描绘人们在面对哀伤 / 临终的心路历程，认为人们要通过否认、愤怒、讨价还价、沮丧、接受这五个阶段，学习接受至亲至爱之人离世的事实。

第一阶段：否认

丧失带给人的情感冲击是巨大的，最初当事人可能会感到震惊，由于神经系统无法承受如此强烈的痛苦情绪，就会自动地选择否认事实，甚至变得麻木。他们可能会想：“这不可能是真的”“这不可能发生在我身上”，这种否认从某种意义上讲，是一种自我保护，帮助当事人不因悲痛即刻崩溃。经过一段时间之后，否认的态度才会逐渐消散，当事人开始接受丧失的事实，开启疗愈的过程。此时，之前被否认的痛苦感受，也开始真实地浮现出来。

第二阶段：愤怒

面对丧失的事实，当事人会爆发出愤怒的情绪。这种愤怒可能会指向自己，埋怨自己未能阻止悲剧的产生，未有能力保护好至爱的人；这种愤怒还可能会指向他人，埋怨家人为什么没有好好照看，埋怨医护人员未能尽力挽救；有时这种愤怒还可能会指向逝者，怨他们没有好好照顾自己，

狠心地离自己而去……当事人感觉这个世界很不公平，甚至认为自己是最不幸的人，总之有充分的理由去愤怒。

愤怒是自然疗愈必经的环节，它意味着当事人开始有力量让那些无法承受的痛苦感受浮现出来。这个时候，不要去批评、压抑和否认愤怒的情绪，但也不能让自己一味地沉浸于其中，这样的话不仅会消耗巨大的身心能量，还会破坏能给自己带来支持的人际关系。

第三阶段：讨价还价

无论怎样愤怒，都无法改变丧失的事实。在意识到这一点之后，当事人会在内心开始进行“如果能让这件事不发生，我宁愿……”的独白，试图与现实讨价还价，抱着一丝希望能够推翻丧失的事实，让自己得到些许安慰。这个阶段就像是一个“中转站”，在给心灵预留调试的时间，但如果在此停留过久的话，就可能会陷入内疚、自责、懊悔的循环中，严重地消耗身心能量。

第四阶段：沮丧

在经历了讨价还价之后，当事人会重新把关注点拉回到当下，并发现无论怎样都无法改变丧失的事实，它确确实实发生了。悲伤会如潮涌般袭来，让当事人撕心裂肺。在这个阶段，他们甚至会觉得，生活没有任何意义，不知道自己是不是还要继续活下去？伴随着悲伤而来的忧郁，可能会让当事人坠入黑漆漆的深渊。

因为沮丧，当事人的生活节奏也会随之变慢，他们回去仔细回味，究竟失去了什么？这个时候，他们需要有人静静地陪伴，偶尔也想要独处。待这份沮丧的情绪完成任务之后，它便会自动离去。

第五阶段：接受

在理想的情况下，经历过上述的四个阶段后，当事人会进入哀伤的最后一个阶段，即接受丧失的现实，重新构建生活，适应活在至爱离去的世界。他们不再对至爱离去的原因躲躲闪闪，有力量去承认，人生就是一个不断失去的过程，离开的人到了该离开的时候，而活着的人还要继续活着。把对至爱的怀念安放在内心的某个角落，想念时与他们重新联结。他们不存在于现实生活中了，可他们曾经带给我们的一切美好，永远不会消逝。

以上就是哀伤的五个阶段，这些阶段发生的次序有时是不一的，且有可能同时处于一个以上的阶段。每个人经历的阶段不同步，我们也没办法强迫一个人去度过某个阶段，每个人都只能按照自己的节奏来，偶尔还可能会进一步退两步。

需要说明的是，只有这五个阶段都被完成时，疗愈才会发生。如果当事人在其中的某一个阶段被困住，哀伤的过程就没有完成，也就无法疗愈。有些人经过数周或数月就开始感觉变好，而有些人则要经过数年才感觉变好。无论怎样，都要对自己保持耐心，对生活保持信心，也要允许自己经历情绪的反复。

哀伤专题：阻止悲伤逆流成河的有效建议

“没有人告诉我，悲伤的感觉和恐惧那么像！”

“我感觉身体好疲惫，累到不想动。”

“我总是想起他，没办法再跟别人相处。”

上述这些独白，都是经历丧失的人传达出的真实感受。长期的悲伤，对我们的身心影响巨大。研究发现，失去配偶的人中有 25% 的人在一年中经历了临床抑郁症与焦虑症；在丧失亲人的男子中，出现酗酒问题的风险很大；与悲伤相关的应激激素的释放会导致心脏问题。

面对丧失，悲伤是无法逃避的，这也正常且合理的反应。重要的是，我们要学会用正确的方式去处理悲伤，而不是任由悲伤在无声中逆流成河。那么，具体该做点儿什么呢？

建议 1：允许自己感受伤痛

不能一直停留在“否认”的逃避阶段。情绪犹如一条流动的河，你在某个地方堵住了它，迟早会迎来更大的爆发。心理学家做过一个统计，15% 的心理疾病的根源在于未被解决的悲伤。在需要处理悲伤的时刻，没能得到恰当的援助，从而导致了更坏的结果。

英国哀伤治疗师茱莉亚・塞缪尔在其著作《悲伤的力量》中指出，真正持续伤害一个人的并不是失去本身，而是持续为了逃避痛苦所做的事，比如抽烟、酗酒、吸毒、滥用药物等，短时间内可能逃过了痛苦，可清醒过后，内心会升腾更多的悲伤。相比这样的做法，允许自己悲伤，允许自己释放内心各种各样的负面情绪，反倒是对疗愈有利。在茱莉亚·塞缪尔看来，治愈悲伤的第一步，就是要允许自己感受伤痛。

建议 2：用正确的方式表达悲伤

丧失的悲伤是难以一下子消解的，茱莉亚·塞缪尔说："悲伤是一个往返于失去与恢复的动态过程。"承受丧失的痛苦时，当事人往往没办法活在当下，因为活在当下就意味着要面对丧失的事实。他们依旧活在"至爱还在"的过去，无法从中抽离，越是沉浸于其中，就越无法正视现实。为了防止这份悲伤不断蔓延，要学会用正确的方式去表达，比如向亲人朋友或专业的心理咨询师倾诉，写下自己的感受，用画画来表达，都是可行的。

建议 3：与逝者做一场告别

这是一件非常重要的事，很多丧失都是突然发生的，使当事人没办法与逝者见最后一面、说最后的话、做最后的道别。至亲至爱的人就这样离开了，没有了对方的生活该怎么继续呢？这时候，就要借助一些方法，与逝者进行道别，比如：给逝者写一封信，对着逝者的照片讲述自己的感受和想法，把逝者生前的照片整理成回忆册，把从逝者那里学到的东西传承下去……借助这些方式，让未完成的事件成为完结。即便失去了在物理上与对方的联结，但依然可以通过想念、回忆过去、写信等方面，与逝者保持情感联结。就像《寻梦环游记》里说的："死亡并非永别，忘记才是，记得我们所爱的人，他们便永远活在我们的情感世界中。"

建议 4：寻求社会支持

失去至爱后，很多人会把自己封闭起来，拒绝与外人沟通交往。偶尔的独处是可以的，但不要彻底与他人断了联系，因为哀伤不是一个独自舔舐伤口的过程，它需要自爱与他爱的支持。周围环境的理解和支持，是帮助我们走出悲伤的一个重要因素，这些关心会让我们感觉到这个世界上依然有人爱着我们，爱是一股强大的力量。

建议 5：恢复迷失的自我

在丧失至爱的那一刻，我们也丧失了一部分自我。比如，有一位女士在失去丈夫后，生活完全改变了，她过去很喜欢社交活动和徒步旅行，而现在却极力回避他们共同的朋友，以及相关的活动。在之后的七八年里，她始终没有发现新的兴趣和热情可以弥补这部分空白，生活就和刚刚失去丈夫时一样空虚和不完整。

就这样的情况，我们需要找寻全新的方式来表达自己的身份：

① 列出事件发生之前，你自己认为或他人认为的，你所具备的品质、能力和特点？

② 上述所列的品质或能力，与你现在的生活关联最少的是哪些？

③ 针对你选出的事项，说明为什么你会觉得它现在与你的生活无关？或者你为什么现在失去了这项品质或能力？

④ 你可以通过哪些人、哪些活动、哪些方式来重新恢复它们，并且做得很好？

⑤ 根据可行性和情感管理的需要，为上述的清单事项进行排序。

⑥ 根据排序表设定目标，并正确做到最好。

这个过程，就是在与有价值、有意义的那些方面的自我重新建立连接，恢复个体的重要身份，继而放下过去，继续前行。

建议 6：进行反事实思维练习

在哀伤的第三个阶段中，我们会陷入“讨价还价”中，设想“如果……就好了”，以此想象事件的另一个结局。然而，这样做是无益的，也没办法让我们找寻到悲剧的意义。所以，我们不妨做一个“反事实思维”练习，假设如果事件没有发生，或者事件的结局更糟的话，生活会是怎样的一番景象？

① 如果事件没有发生，你今天的生活会有什么不同？

② 在什么情况下，事件的结果会更糟糕？

③ 是什么因素阻止了这些糟糕结果的出现？

④ 这些更糟糕的结果没有出现，你觉得应该如何感恩？

完成这项练习后，给自己一点时间来恢复，汲取有益的想法和观点。

建议 7：与家人重塑情感联结

亲人的逝去，会造成原有的家庭在结构和功能上发生变化，家庭成员与逝者的角色互动不一样，情感联结不一样，因而各自的感受和处理哀伤的方式就不尽相同。面对这样的情况，要尊重每个人的处理方式。与此同时，家庭成员之间可以直接交流和表达对逝者的想法和感受，相互支持、写作，重新塑造家庭的结构与功能。家庭成员之间，也可以在感情、心理、精神上建立全新的情感联结，有爱的陪伴和支持对走出哀伤至关重要。

我们要尊重逝去的生命，也要相信生活的美好。如果上述的这些建议，依旧无法帮助你面对和处理失去至爱的哀伤，请记得及时寻求专业人士的心理援救。

CHAPTER 8

行为矫正：停止与身心的斗争

孤独专题：消除负面设想，重拾生命活力

孤独的人总是紧绷着一根神经，时刻准备着迎接他们预想中一定会来的失望与拒绝。正是这种扭曲的观点，让他们把真正关心自己的人挡在门外，陷入自我封闭的怪圈里无法自拔。

“当我收到高中同学的邀请，让我去参加一个聚会，我的感觉瞬间就不好了。不知怎么的，脑子里突然冒出这样的画面：我尴尬地坐在人群中，看别人喜笑颜开地述说自己的生活，没有人注意到我的存在，也没有人询问我，我就像一个多余的人。我还想到，如果真的有人询问我什么，我该怎样回答？说实话，这让我感到有点儿恐慌。”

这是一位孤独者的自白，不难读出悲观的味道。这也符合孤独者的特质，他们在遇到社交互动的时候，脑子里总是会立刻冒出消极的想法。要他们完全阻止这样的消极念头涌现，几乎是不现实的，较为可靠的处理方式是，把那些合理的、现实感强的积极场景视觉化，想象美好的画面，有助于在类似的机会出现时，有效地识别和利用它们。

就上面的情况来说，当事人可以想想在这场同学聚会中，大家都十分友好且热情，愿意和你叙旧谈天。就算不能跟所有人打成一片，只和一两个温和可亲的同学度过一段美好时光，也是很愉悦的享受，甚至还可以想象一下，多久之后可以再小聚一下。

长时间的孤独，会让人被禁锢在受害者思维中，觉得自己没办法改变

社交与情感与世隔绝的现状。如果不移除悲观消极的设想，这种感受会变得愈发强烈。有没有什么切实可行的方法，可以帮助孤独者在日常生活中促进自己摆脱消极旋涡呢?

第一步：查看你的通讯录，找到你心目中认可并信任的亲人、同学或朋友。

第二步：回想你和每个人上一次见面的时间、地点、情景。

第三步：根据你与每个人相处时的感受进行评分，排除顺序。分数越高者，就是越需要你该主动联系的人。

第四步：根据上述筛选出的名单，每周至少联系一两个人，最好能见面。

第五步：根据自己的兴趣、爱好、职业等，在网络上选择自己喜欢的活动，如读书俱乐部、心理沙龙、插花活动等，从中筛选出两到三个，报名参加。

孤独者不妨坚持做这样的尝试，直到自己可以移除对社交的负面假设，减少情绪困扰。

拖延专题：拖延不是时间问题，而是心理问题

很多人觉得，拖延是因为时间管理不善、效率低下所致。言外之意，如果能够更好地管理自己的时间，就可以停止拖延，立马投入行动中。然而，越来越多的心理学家意识到这是错误的，加拿大卡尔顿大学的蒂姆·皮切尔与英国谢菲尔德大学的弗斯基亚·西罗斯等专家都指出，拖延不是时间管理的问题，而是情绪管理的问题，即“人们陷入这种长期拖延的非理性循环，是因为他们无法控制围绕一项任务的消极情绪。”

拖延是一种严重的精神内耗，而内耗的根源藏于心。每一次的拖延，都可能是由于不同原因所导致，唯有知晓导致拖延的深层次的心理根源，才能够在拖延来袭时，知道自己究竟在“拖”什么，继而找到相应的解决办法。

那么，是哪些心理症结让人陷入拖延的泥潭呢？

深层原因 1：不敢接受挑战，内心存在恐惧

2007 年，美国卡尔加里大学的教授发现，人们拖延行为的产生与恐惧有一定的关联。两年后，卡尔顿大学的提摩西·A. 派切尔教授带领两位研究生通过研究验证证明：导致拖延症的恐惧是多方面的，有人是因为缺乏信心而拖延；有人是害怕表现不好丢脸、伤自尊而拖延；还有人则是害怕自己失败了，会让自己最在意的人失望，所以才拖延。

【解决策略】：所有的恐惧都源自想象，它不过是人心中一种无形的障

碍，在碰到棘手的问题、未知的事物时，就会习惯性地假想出莫须有的困难，进而产生恐惧。如果我们不去预料失败后的情况，只把握好当下，开始做自己需要做的事情，尝试着从焦虑中迈出第一步，安慰自己说“你可以，你能行”，心中所恐惧的困难就会被自信和行动一点点稀释溶解。

深层原因 2：习惯性担忧，被焦虑所困

人之所以会感到忧虑，是认为自己可能会遇到一些问题，但不确定自己是否有能力解决，当不可控时就会怀疑自己，产生焦虑。习惯性忧虑，就是一直处在忧虑的情绪中，不断地为各种事情担忧，不可自拔。遇到一件事情，不是想着如何去解决，而是怀疑自己的能力无法解决。陷在这样的忧虑中，自然就会降低行动力，导致拖延。

【解决策略】：多关注事物的积极面，把注意力聚焦在美好的东西上，内心就会慢慢长出积极的种子，生根发芽，带来正向的体验和积极的能量。最终，在面对困难的时候，让我们变得从容和笃定，而不是逃避和拖延。

深层原因 3：不喜欢事情本身，潜意识在抵触

当我们特别想看一本书，或是急需从书中获得某些信息时，拿到书后肯定会迫不及待地去读；而不是会搁置到书架上，跟自己说“有空再看”；当我们很想掌握某种技能，且发自内心喜欢那件事时，定会努力地去学，就算有困难也会想办法克服……反之，面对不想看的书、不想见的人、不想学的东西，势必会有一种抵触的心理，潜意识是不会撒谎的，它会迫使我们用拖延的方式传递真实的感受。

【解决策略】：生活不可能处处都随人愿，我们要用理性的眼光和思维看待事物，不能只从“喜 VS 恶”的角度出发，还要考量“利 VS 弊”。对我们有益且必须做的事，就算不喜欢，也要尽量把它做好；对我们有弊的事，哪怕再喜欢，也得学会克制。

深层原因 4：完美主义倾向，追求无缺的境界

美国的一位心理学家指出："某些拖延行为其实并不是拖延者缺乏能力或努力不够，而是某种形式上的完美主义倾向或求全观念使得他们不肯行动，导致最后的拖延。他们总在说：'多给我一点时间，我能做得更好。'"很多拖延症患者总想着要把事情做到滴水不漏，完美至极，不停地苛求，结果就是迟迟无法开始。

【解决策略】：微不足道的瑕疵，只要不妨碍重要事项的顺利进展，大可允许它存在。在做的过程中不断补充、修正、精进，让结果朝着完美的方向驶进。

深层原因 5：全知全能的幻觉，误以为能掌控时间

时间有"客观时间"和"主观时间"之分：客观时间就是能用日历和钟表来衡量的，可预知且不可更改；主观时间就是我们对钟表之外的时间的经验，是不可量化的，比如：跟朋友聚会聊天时，觉得时间过得飞快；等公交车时，十分钟也显得无比漫长。

拖延赋予人一种全知全能的幻觉，让人误以为自己可以掌控时间、掌控他人、掌控现实。但事实上，我们根本无法超越时间的规则，也无法避免丧失和限制，更无法抵挡变化和意外。无论我们喜不喜欢，承不承认，有无意识到，真实的时间一直都在流逝，从未停止。

【解决策略】：把个人的主观时间和不可更改的客观时间整合到一起，让两者实现无缝衔接，即沉浸于某个事件的同时，也知道自己什么时候该离开，哪怕距离最后期限还远，也能按部就班地做事，就不会导致拖延。

深层原因 6：对抗权力等级，找回心理平衡

心理学家认为："规则让人感到拘束，所以大脑会产生想要冲破束缚的欲望。不过，有的人不太敢冒险，只是偶尔为之，不会太过火；有的人则不同，总是想跟规则抗衡。”身处在权力等级的关系中，直接抗衡不太现实，于是拖延就成了抗拒的手段。此时，拖延起到的是平衡心理的作用，觉得自己拥有决定的能力，找回自我存在感。

【解决策略】：如果能够意识到对抗权力等级这一内在的心理原因，并权衡这一心理的负面影响，可以在一定程度上帮助我们克服心理拖延。要知道，有些对抗是没意义的，甚至会把人拉入黑洞，无论发生什么样的问题，还是应该学会理性思考，这才是解决问题的正途。

了解这些深层次的拖延原因后，当头脑里再次冒出拖延的念头时，自己给自己“把把脉”：到底是害怕面对挑战，还是完美主义在作祟；是不喜欢这件事，还是被习惯性的担忧困扰？找到真正的原因，才能有针对性地去解决。

拖延专题：学会延迟满足，抵抗即时的诱惑

心理学家通过实验研究发现：人们在做选择的时候，总是会不自觉地倾向于安逸的事。这种行为倾向被称之为“即时倾向”，即现在可以得到的满足感更重要，只要现在舒适安逸就好，懒得去思考问题。现在想要的东西，以后未必还想要，所以不妨先满足即时的需求。

了解了这一选择倾向后，就很容易解释生活中的拖延的现象了，如：一时兴起买了一堆煲汤的食材，塞满了橱柜，却只做了一次；买了一堆书，希望借助读书提升自己，结果就摆在了书架上，待表面都落满了灰尘也没拆封；计划着上午要加班完成一篇稿子，醒来却抱着手机刷剧，到了中午才起床……这都充分印证了一个事实，人们在做选择时会不由自主地倾向于安逸的事，这也是让人陷入拖延的一个重要原因。

与此同时，时间本身也会增加即时倾向和拖延之间的关系。

我们在理解明天要达成的目标、要完成的事项时，更倾向于用宽泛的、模糊的语言，如“多读书、健身”。然而，在看待今天的目标和任务时，却会包含更多的细节，如“读《活出生命的意义》”，是非常具体的。在对比一个抽象选择和一个具体选择时，我们的兴奋感是完全不同的。很多时候人会拖延，恰恰是因为看待此刻时更具体，看待未来时更抽象。

大量的心理学实验表明，满足自己一时的情绪需求不是最佳的策略。从长期角度来看，它会降低一个人的自我满足感和幸福感。如果你有过拖

延的经历，想想那些恼人的负罪感和焦虑感，你就会理解这句话的深意。

M·斯科特·派克在《少有人走的路》中指出，人生苦难重重，自律是解决人生问题最主要的工具，而实现自律的第一步就是“推迟满足感”：为了更有价值的长远结果，放弃即时满足不贪图暂时的安逸，重新设置人生快乐与痛苦的次序：先面对问题并感受痛苦，然后解决问题并享受更大的快乐，这是唯一可行的生活方式。

那么，怎样做才能够推迟满足感，不被当下的诱惑吞噬呢？

方法 1：先发制人，在被欲望控制之前采取行动

很多人都不缺少长期目标：减肥、戒烟、读书、运动……清早起床的时候，愿望十分清晰，决心要在上午读书、吃健康餐、去健身房，结果看到剧集有更新、闻到黄油和奶香的味道，意志力瞬间就被瓦解了。

对于这样的情况，如果我们能够预先预料到这些强大的诱惑，就可以先发制人地将其阻挡在门外。比如：你经常刷新闻，延迟开始工作的时间，那么干脆在坐到工位上的那一刻，把手机塞进抽屉或背包；你忍不住乱花钱，干脆对绑定的银行卡限额，或出门只花准备好的现金，以防打破预算。

方法 2：用一种安全和可控的方式满足正常需求

我们并不是要彻底地压抑欲望，那样的话，很可能会在有限的意志力被耗尽后，彻底失控。真正持久而有效的方法，是在欲望增强并控制我们之前，用一种安全和可控的方式来满足它们。比如：你受不了美味蛋糕的诱惑，那么在吃掉一整块蛋糕之前，选择只保留其中的 1/4，其余的分给家人或朋友，这样既满足了味蕾，也可以避免多吃。

方法 3：将诱惑抽象化和象征化，或对诱惑进行丑化

越是试图压制一个诱惑，反而会更容易反弹。与其如此，不如在精神上与之保持距离，将其抽象化和象征化。心理学家试图让孩子推迟吃椒盐脆饼时，选择让他们把注意力集中在饼干的形状和颜色上，而不是味道和口感上。他会这样向孩子们描述椒盐脆饼："它们又细又长，就像一根根的小原木。"

用抽象的符号看待世界，可以让我们的大脑摆脱受控于刺激的大脑边缘系统，促使我们作出更有利的选择。如果试着对诱惑进行一些丑化，或是与不愉快的景象之间建立联系，在诱惑之中植入不愉悦的因素，效果也很明显。比如：想要贪食的时候，想想自己的胃被塞满东西的撑胀感；在推迟工作的时候，想想自己曾经因拖延饱受的焦虑和自责……你可能会"清醒"很多，不再任由冲动做主，而在行为上有所收敛。

拖延专题：不要对“未来的自己”期望过高

在日常生活中，我们难免会对即将到来的事务产生一些错误的认知，且忍不住想要转移注意力，用一些无关紧要的事情去替代它。这些错误的认知，让我们形成了一种“稍后思维”，继而为拖延创造了机会，让其一步步地成为自动习惯，被我们选择的观念所调和。

稍后思维是一种认知转向，类似于在心理上开小差，暂时回避紧迫而重要的事情。这种思维方式的具体内容很多变，但核心是一样的，即“将来做”总是比“现在”更合适。要解决拖延的问题，就要清醒地认识到这一自动化的思维习惯。

如果你在面对一项紧迫而重要的任务时，脑子里冒出了以下的想法，请你务必提高警惕，它们很可能就是阻碍你行动、实现目标的思维陷阱。

——“我先睡一会儿，休息好了再做！”

——“我得把这个想法再斟酌斟酌！”

——“我需要查找一些新的素材，买一些新的工具。”

——“待会再处理，时间还早呢！”

——“有灵感了再做，效率会更高的。”

这些稍后思维，会在无形之中变成麻醉剂，让你觉得自己肯定会做，只是稍后而已。殊不知，在“稍后”的过程中，一个个“现在”已经悄然流逝。有一位先哲曾说："毁灭人类的方法很简单，就是告诉他们还有明天。只要告诉他们还有明天，他们就不会在今天努力了。"

稍后思维具有一种迷惑性和欺骗性，它会让我们误以为：今天暂且放松一下，明天做也来得及，只要明天合理安排时间，就可以完成任务。"现在的我"总是很相信那个"未来的我"，认为"未来的我"会更自律、更优秀、更高效。

为什么会有这样的错觉呢？因为大脑会把"未来的我"当成别人！

原本，你决定今天晚上不熬夜，11 点之前就上床睡觉。可是，到了晚上 11 点时，你根本想不起来"要坚持早睡早起的未来的我"，你更在意的是"现在的我"，因为你能够真切地感受到，当下玩着手机游戏、刷着短视频的快乐。那个看似"自律的我"犹如一个陌生人，对"现在的我"而言，不值一提。

行为学家霍华德·拉克林说过："当你能认识到每一天的你，其实都别无二致的时候，你才能更容易控制今天的自己。"所以，当"现在的我"产生了"明天再说"的想法时，一定要打破这个幻想。你要和"现在的我"对话，告诉自己真正的事实与真相：

第一，明天的时间和今天一样，都是 24 小时，不会因为"现在的我"想到"未来的我会更高效、更能干"，就能让明天的时间变得更多。

第二，"未来的我"并不遥远，不会跟"现在的我"有什么大的不同。就算有不同，那也是"现在的我"的行为所致，正所谓：种什么因，得什么果。千万不要妄想"明天的我"一定会比"今天的我"更靠谱，很有可能，TA 还在指望着"后天的你"呢！

试着想象，"未来的我"会如何看待"现在的我"，以及"现在的我"所做的选择？又如何因为"现在的我"所付出的辛苦和努力心怀感激？同时，也可以跟“未来的我”讲述“现在的我”的困惑和压力。借助这样的方式，拉近“未来的我”和“现在的我”之间的距离，揭穿稍后思维的骗人把戏，斩断它的自动进程。

拖延专题：设置小里程碑，促生行动的力量

你有没有发现：一件令人厌烦的事务，最棘手的部分往往在于最开始的几分钟，恰恰是这几分钟造成了行动障碍？其实，那件被我们推迟的事项，一旦开始做了，会发现并没有那么难，它只是在最开始的阶段显得很难。

以做家务来说，我们都喜欢待在宽敞明亮、一尘不染的屋子里，同时我们也深刻地了解家庭大扫除有多么辛苦。有时，由于没有及时打扫卫生，眼见着房间里的杂物变得越来越多，脏衣服堆砌在床头，厨房的灶台面劣迹斑斑……这样的情景令人厌恶，也令人焦虑和畏惧。

说起来，把脏衣服扔进洗衣机，并不是什么难事；用一块抹布擦拭灰尘，似乎也不是太困难。可这些微不足道的小事叠加在一起，却会让我们感到恐惧，忍不住地想要拖延。因为我们的脑海里浮现了一个终极目标：从客厅、卧室到厨房、卫生间，要把整个房子都打扫得一尘不染！这个工作量太庞大了，大到让我们感到恐惧。

面对这样的时刻，我们该怎样做才能停止拖延的状态，开启行动模式呢？

答案就是——设置小里程碑，体验到有所进展的感觉，促生继续行动的力量。

有一位名叫马拉·西利的家务达人，提供了“5分钟房间拯救行动”：

拿出厨房计时器，定时5分钟；走到最脏最乱的房间，按下计时器，开始收拾；定时器一响，坦然停工！

这样的操作，是不是很简单？别小看这简单的5分钟，它是开启行动的一个小策略。我们都知道，收拾5分钟不会有特别明显的效果，但这并不重要，真正重要的是，你开始行动了！开始一项不喜欢的活动，永远比继续做下去要难。只要开始去做这件事，即便5分钟的时间到了，依然还是有可能继续打扫下去的。

你会惊喜地发现，收拾这个房间其实也没有那么困难，并且开始欣赏自己的成果：干净的洗手池、光亮的马桶、整洁的卫生间，接着是干净的客厅、焕然一新的厨房……自豪感与自信心交替增长，就形成了良性循环。

强迫专题：我知道这样不好，但我停止不了

女孩 Coco 发现相恋四年的男友出轨了，且对方是一位陌生的女网友。这件事让 Coco 很崩溃，一是心理上不敢相信，二是生理上产生了极度厌恶的反应，认为男友很“脏”，害怕他会感染什么不洁的疾病，拒绝再跟对方交往。

分手以后，问题并没有消失。此时的 Coco，已经不单纯是遭受失恋的折磨，她开始害怕各种脏东西，听到别人咳痰就浑身起鸡皮疙瘩，担心痰会溅到自己身上；走在路上看到一些脏物也会作呕，总怕它们沾染到自己身上。有了这样的担忧后，Coco 就开始频繁洗手，从最初的十几次，逐渐增加到几十次、上百次，她明知道不必要，却控制不住。

在公司里，同事递给 Coco 文件，她不敢用手去接；公司的电话，她也不敢碰，一想到电话上可能沾染了别人的口水，就恶心得受不了。她不停地往卫生间跑，可一想到卫生间是共用的，更是浑身不舒服……Coco 害怕看到别人对自己指指点点，也没办法在公司里正常工作，就主动离职了。

当 Coco 开始长期居家生活后，她的问题变得更严重了，除了每天不停地洗手，把手洗得破皮以外，她还总担心家里的燃气会泄露，只要有人进厨房，她就要去重新检查燃气……偶尔，她也想和朋友外出，可无奈“出不了门”：她总是控制不住地整理物品、洗手、洗澡，一只脚刚出家门，就觉得沾染了脏东西，回去重新洗澡，反复折腾数次。

痛苦不堪的Coco，最后在母亲的陪同下去了医院，并被诊断为强迫症。

强迫症，简称OCD，是一种以强迫观念和强迫行为为主要临床表现的心理疾病，最主要的特点就是——有意识的强迫与反强迫并存，一些毫无意义甚至违背自己意愿的想法或冲动，反复地侵入患者的日常生活。虽然患者体验到这些想法或冲动是来自自身，并极力地反抗，却始终没办法控制。两种强烈的冲突让患者感到巨大的痛苦和焦虑，影响正常的学习、工作、人际交往以及生活起居。

简单来说，患有强迫症的人大都能够意识到，他们反复洗手、洗澡、检查等行为是没有意义的、荒谬的，可这种冲动又非常强烈，没办法控制住自己不去做……然后，就陷入了恶性循环的怪圈：强迫行为暂时地缓解了强迫观念带来的焦虑不安，但随着强迫行为的持续和不断重复，又让患者脑中的强迫观念变得愈发顽固，难以拔除。就这样，患者必须面对双重的折磨——被强迫观念围攻，还要重复那些让自己痛苦的、尴尬的强迫行为。

通常来说，强迫症患者存在的强迫观念与强迫行为，主要有以下几种：

强迫观念

· 害怕脏，害怕被污染

· 毫无根据地担心自己患上可怕的疾病

· 厌恶身体分泌物与排泄物

· 过分担忧脏东西、血迹、化学物质、细菌

· 异常关注黏性物质及其残留物

强迫行为

· 不停地清洁、清洗物品

· 过度的、仪式化的洗手、洗澡、刷牙等

· 坚持认为某些物品被污染，无论怎样洗都不可能“真正干净”

对强迫症患者而言，他们做出的强迫行为，其初衷并不是为了消除脏东西，而是因为清洁存在特殊的意义。女孩Coco反复洗手、洗澡、总觉得生活中各种物品脏，是因为前男友与网友发生了关系，这种随意发生的性关系，让她感到肮脏和厌恶，才在不知不觉中形成了反复清洗身体的行为。再如电影《火柴人》里的男主人公，从事行骗职业的他，不愿意面对内心的自己，因而就通过强迫性洁癖来“消除”这种罪恶感。

无论出现什么样的强迫观念与强迫行为，请记住一句话：这并不是“你”的错，而是强迫症在作祟。美国加州大学洛杉矶分校医学院的知名精神病学教授杰弗里·施瓦兹在《脑锁》里提出：强迫症患者的症状，与患者脑部的生化失衡引发的大脑运转失灵有关。换句话说，当强迫症发作时，你大脑里类似汽车换挡器的那个零件没办法正常工作了。

如果是大脑物质出现了问题，还能治疗吗？这是很多强迫症患者在得知上述情况时的第一感受和疑问。事实上，今天对于强迫症的研究比几十年前深入了许多，治疗方法也变得多样而有效。目前，治疗强迫症主要有三大类措施：药物治疗、心理治疗、神经外科脑手术治疗，这些都是我们在跟强迫症抗争时的帮手和武器。

强迫专题：强迫型人格 VS 强迫症不一样

“离开家后，我总担心自己没有关燃气，没有锁门？”

“摆放物品必须按照一定的秩序，打乱就觉得难受！”

“客厅的沙发上不能有杂物，看见了我就不舒服。”

“……”

很多人在生活中都存在上述的情况，有时还会担心自己是不是患了强迫症？其实，这里存在着一定的误解：出现类似情形的人，多半都只是强迫型人格，并不是强迫症，两者有很大的区别，且前者的危害比后者小很多。

区别 1：两者的强迫观念和强迫行为不一样

强迫型人格的人，他所谓的“强迫观念”和“强迫行为”，更像是怪癖或特异的行为。

一位强迫型人格的中年女士，留着许多三十年前的老物件不肯扔，始终相信它们是有价值的；另一位患有强迫症的年轻男孩，他的屋子里堆满了明明知道没什么意义、也没用的垃圾，却无法将它们扔掉。

区别 2：两者对强迫行为的主观感受不一样

对反复清洁和检查这一强迫行为来说，强迫型人格是很享受的，他们认为：如果家里人都这么爱干净的话，那问题就不存在了；出门的时候会戴上口罩、消毒纸巾。然而，强迫症患者对此感受到的是痛苦，他们可能会拒绝出门，当家人归来后也会对他们进行“消毒”。

了解这些以后，又该如何自我检测，判别自己是否得了强迫症呢？

不要盲目相信网络上的各种测评，推荐三套专业的测试：明尼苏达多项人格调查表（MMPI），90 项症状清单（SCL—90），和 YALE-BROWN 强迫量表。

这里附加一个简单的测试，需要说明都是，这个测试结果只能作为参考，不能直接作为诊断依据，具体结果还是要请教医生进行评估诊断。

问题 1：强迫观念或强迫行为，每天会占用你多少时间？

A. 没有

B. 轻度（1 小时）

C. 中度（1~3 小时）

D. 严重（3~8 小时）

E. 非常严重（几乎占据所有清醒的时间）

问题 2：强迫观念或强迫行为，对你的生活有多大影响？

A. 没有

B. 轻度（大部分生活不受影响）

C. 中度（小部分生活受到影响）

D. 严重（对工作和社交有影响，还可以控制）

E. 非常严重（对生活各个方面都有影响，无法控制）

问题 3：对强迫观念或强迫行为有抵抗心理吗？

A. 没有

B. 轻度（念头微弱，无须抵抗）

C. 中度（大部分情况下尝试抵抗）

D. 严重（已经在努力地抵抗）

E. 非常严重（完全屈服于念头，放弃抵抗）

对于上述的三个问题，如果其中任意一条的答案是“D”或“E”，极有可能就是患上了强迫症。如果是这样的话，一定要去看医生，切不要逃避。

要知道，强迫症会给我们发送“错误的信息”，让我们陷入怀疑和恐惧中，且这种状态就犹如面对两扇门，一扇门的看守告诉你：这样做，你就该死；另一扇门的看守告诉你：不这样做，你会死得很惨！它们逼着你做选择，可怎么选择都是“死路一条”。

强迫专题：你越妥协退让，它越得寸进尺

强迫症就像一只贪得无厌的怪兽，你越是妥协退让，它越是得寸进尺。听从症状的吩咐，只能换得片刻的缓解，但随之而来的，就是强度更大的强迫念头与冲动，这种恶性循环会不断地进行下去。

美国研究人员杰弗瑞·M·史瓦特与贝弗利·贝耶特通过详细的调查研究发现，如果强迫症患者主动学习驾驭强迫症，调整自己的思维，配合药物和行为治疗，被治愈的成功率可以达到80%。那些没有被治愈的患者，甚至病情变得更为严重的人，绝大多数都是因为丧失了斗志，自甘沉沦。

为此，杰弗瑞和贝弗利两位研究者，对强迫症患者们提出了一个真诚的忠告："无论从身体上还是心理上，你都必须要比强迫症更强大。如果屈服于症状，会让你的情况进一步恶化，使你只能待在房间里，待在床上，像一棵蔬菜那样腐烂掉。"

为了避免被强迫症完全操控，有几件事情是我们一定要警醒和控制的：

第一件事：不要封闭自我，沉迷于痛苦中

现实中有不少人在患强迫症之后，会把自己关闭在屋子里，谁也不见，什么也不做，就呆呆地窝在房间里。这不是在疗伤，而是一种对痛苦的沉迷。不听命于强迫症，就要学会面对现实，接受痛苦。

如果症状尚未到严重影响你无法执行原来角色功能的程度，那就继

续上学或工作，这样能够让许多相关的治疗更容易实施。如果长期封闭自己，就导致过多的精神能量无处释放，继而更多地关注自己的症状和状态，让强迫变得更严重。

第二件事：不要盲目夸大强迫症，被感觉愚弄

认识到强迫症的病症与危害是好事，但如果过分夸大强迫症的力量，对它过度恐惧，总是不停地暗示自己：我没法避免，我控制不了……就会导致强迫的症状越来越严重。我们要学会客观、正确地看待强迫症，不要任由其摆布，也不要高估它。哪怕偶尔不得不听从于它，也没关系，只需提醒自己：这是强迫症，下次我要战胜它。当你不再去夸大它的威力时，就增加了应对它的勇气，而不是在想象的恐惧中沦为它的奴隶。

第三件事：不要扩大强迫症，陷入不断泛化的怪圈

心理学上有一个名词叫“泛化”，指的是某种反应（包括行为、心理、生理反应）和某种刺激源形成联系后，对于其他类似的刺激源，都会出现该类反应。很多强迫症患者，最初的强迫观念只有一个，后来发展到强迫的观念越来越多，一个接一个地强迫，或是同时强迫，抑或者一个替代一个地强迫。

通常来说，性格比较内向，同时又有完美主义情结、敏感固执的患者，比较容易出现泛化的情况。如果要阻止强迫的泛化，就要充分意识到泛化的存在。假如在出现泛化的时候，能够及时地认识到这不是出现了什么特殊的问题，而是症状在泛化，内心的焦虑情绪就会降低。倘若能够做到不去理睬这些反复出现的观念，泛化就不会对患者产生太大的影响，最怕的就是反复琢磨它，结果就掉进了不断泛化的怪圈。

第四件事：不要坐等强迫症消失，寄托于虚无的幻想

现实中的确存在这样的案例，某人曾经有反复洗手的行为，但后来这些行为消失了，他此后的人生也没有受到强迫症的困扰。于是，很多人也希冀着，这样的奇迹能发生在自己身上，终日祈祷强迫症可以主动离开自己。

这是不明智的做法，强迫症的问题是脑子“卡壳”了，想让复杂的大脑重新回归正常的工作，即便存在这样的可能，也需要漫长的时间。在这段时间里，难道要任由强迫症肆意地折磨自己吗？千万不要坐等强迫症消失，寄托于缥缈的幻想，那无异于把自己狠心丢在强迫症的怪圈里。要去找到解决问题的方法，要知道“天助人自助”。

强迫专题：别把自己困在“不能说的秘密”里

对饱受强迫症折磨的患者来说，阻碍他们疗愈的一个重要因素，是他们把自己的强迫症藏得很深，以至于无人发现。这种保守患病秘密的本能，是强迫症治疗过程中最大的敌人。

如果倒退二百年的话，强迫症或许会被认为是一种罕见病，可在今天它已经越来越被人们所熟知，人们对于强迫症的认知度和容忍度也在提高。如果你正遭受它的困扰，请暂且放松一些，强迫症不是隐疾，不用为此感到羞耻和恐惧，也别再把自己困在“不能说的秘密”里，一个人默默地忍受煎熬，社会关爱和精神支持可以更好地帮助我们疗愈病症。

徐先生的强迫症要求他必须待在一个绝对有序的环境里，起初家人和女友都不理解他的行为，还为此闹了不少别扭。经过慎重的考虑，徐先生决定向家人和女友说明实情。这件事情公开后，周围人都释然了，也变得更加开放。

最受益的人当然是徐先生，他不用再把自己笼罩在心理防御网中，去小心翼翼地隐藏自己，或是戒备他人。他可以大方地承认自己的其他弱点，偶尔还会幽默地自嘲一下。这对于疗愈他的强迫症也起到了积极的作用，让他不再时刻关注自己的症状，融洽的人际关系转移了部分注意力，让他也像其他人一样发挥出了自己的社会功能。

不少强迫症患者也曾想过向亲近的家人朋友坦白，却不知道该如何开口？很担心自己的坦白会把对方“吓”到，或是无法获得对方的理解。如果真的发生那样的情况，对他们而言，可能会变成“二次伤害”。那么，强迫症患者该如何讲述自己的病况才比较妥帖呢？

第一步：找恰当的、正式的时机，向亲友吐露自己的问题

所谓恰当和正式，主要是指，在大家都比较冷静和理智的时候，去谈论这件事情。如果当时的气氛比较活跃，大家都沉浸在玩笑和娱乐中，说这件事就不太合适，会给他们“当头一棒”的感觉。

第二步：讲述你的强迫观念和强迫行为，让对方知道你患了强迫症

在做这件事之前，可以购买一些相关的书籍，或推荐一些涉及强迫症症状的影片，以便让周围的亲友客观正确地了解强迫症，从而正确认识你的病况，避免无谓的焦虑和恐惧。

第三步：告诉亲友你的治疗计划，请求他们的帮助

如果你只是把自己的病情告知亲友，他们可能会很茫然，不知所措。对此，美国的杰弗里·施瓦兹教授提议：“帮助家庭成员更多地学习强迫症治疗知识，以减少和避免他们对你毫无建设意义的批评，或者是错误地助长你的强迫症。”

做好上述的三件事，相信能够为你和家人化解过去因互不理解而导致的矛盾，并有效地帮助你们重建良好的沟通关系。总而言之，选择合适的方式，袒露你的实情，引导亲友认识强迫症，会让你获得支持与力量，发自内心地感受到：你不是孤身一人在奋战！

情绪性进食专题：明明不饿，却总是想吃东西

英国科学家们找到75位身体超重的志愿者进行实验，根据激素、基因和心理素质，将这些受试者分成三组。一个名叫艾莉森的女子，被分在了情绪性进食小组，而这也是艾莉森在生活中遭受的最大的困扰。

艾莉森总是在依靠进食来缓解压力，压力越大，越倾向于高糖高脂肪的食物。明知道这样做不好，却怎么也控制不了。在艾莉森心里，食物与她之间有一种“非正常”关系，而这一关系的起源要追溯到她童年时期。

当艾莉森还是一个小女孩的时候，她经常受到惩罚和虐待。每当她淘气了、不听话、不认真写作业，或是做错事时，父母就会惩罚她。惩罚的方式就是不允许她吃饭，或是逼着她吃类似被水泡过的面包那样的糟糕食物。

对艾莉森来说，在很长的一个人生阶段里，吃饭于她就是一种惩罚。正因为此，她对食物滋生了强烈的渴望和依赖。从15岁时开始，每当她遇到压力和沮丧的事情时，就会用狠狠吃一顿的方式来“化解”，且会选择不健康的食物。

这种行为模式，一直持续了五十年，哪怕是结婚生子，有了自己的家庭，过上了幸福的生活以后。每当她觉得心情不好时，还是会径直地走向厨房寻找食物，借此发泄情绪。艾莉森一直认为，因为童年期遭受的惩罚导致她过度依赖食物。然而，在科学家和医生对她进行检查之后，对她的

诊断是——情绪性进食。

所谓情绪性进食，就是饮食被情绪所影响的问题。美国资深临床心理学家珍妮弗·泰兹认为，情绪性进食通常存在以下表现：

· 在身体并未感到饥饿或是已经吃饱的时候吃零食

· 在吃了足够的健康食物后仍然感觉不到满足

· 对某种特定的食物充满强烈的渴望

· 在嘴巴塞满的时候还在急迫地囤积食物

· 在进食的时候感觉到情绪放松

· 在经历压力事件的过程中或之后吃东西

· 对食物感觉麻木不仁

· 独自进食以躲避他人的目光

心情不好就吃一顿，真的能解决问题吗？很遗憾，不能。如果一产生强烈的情绪，就直接跳到吃喝上去，根本不去体验这种情绪本身是什么，就等于丧失了与自己情绪的接触，既无法准确识别自己的情绪是什么，也感受不到情绪要传达的讯息。

吃东西的时候，暂时把情绪放到了一边，觉得很享受。吃完之后，情绪的根源问题还在那里，并没有得到解决。与此同时，又会多了一个新的问题和压力：吃下身体本不需要的食物和热量，增加了肥胖和患病的风险，以及体重渐增、身材走样的羞愧与焦虑。

你猜一猜，接下来还会发生什么？没错，过不了多久，还要再次用吃东西来抵消“心烦意乱”的情绪。这就是情绪性进食的一个怪圈：依赖吃东西驱散消极情绪，获得片刻的快乐。久而久之，对食物形成了难以控制的依赖。

那么，能否不依靠食物，让自身产生积极的情绪呢？

当然可以，但有一个前提条件，即与自己真实的情绪连接，而不是用进食来压抑这种情绪或分散注意力。要知道，情绪是一个出发生存行为机制的简单便捷的信号，可以为我们提供重要的信息，让我们找到问题的根源，进而找到真正的解决之道。

情绪性进食专题：如何与负面情绪建立连接

当我们体验到了某种情绪，并通过进食的方式来回应时，可能会让这种情绪加剧，并由情绪化进食引发其他的负面情绪。所以说，情绪性进食的问题不是食物而是情绪，比起如何限制自己进食而言，学会如何去对待情绪，如何与情绪建立连接，更为重要和有效。

对情绪性进食者来说，与自己的情绪建立连接，需要一个学习和适应的过程。美国心理学家珍妮弗·泰兹在《驾驭情绪的力量》一书中，提出过三个与之相关的练习，我们可以借鉴参考，以帮助情绪化进食者在负面情绪来袭时，开启一个全新的、正确的缓释压力之道。

练习1：关注并觉察负面情绪

准备一张纸、一支笔，尽量做到不加评判地回答下面的问题：

Q1：回想你上一次暴饮暴食或因情绪进食的情境：当时发生了什么？或即将要发生什么？你在什么地方？和谁在一起？

Q2：现在事情已过去一段时间，尽力回想：你当时的情绪是什么？感受如何？

Q3：那个情绪是影响了你的进食量，还是进食速度？抑或者是对食物的选择？

Q4：再回想一下，你以那种方式进食后，情绪和感受是什么？

当你开始真正关注那些导致暴食的感受时，你就是在培养自己的觉察力。不加评判地去做这个练习，可以为你提供一个全新的视角，看到自己的情绪和饮食是如何互动的？随着练习的增多，你会发现自己越来越懂得识别情绪，当负面情绪来袭时，你会提醒自己："这是焦虑的感觉，它就是引发我进食的诱惑。"识别出了焦虑情绪，就可以有针对性地处理焦虑，而不是去盲目地进食。

练习 2：思考负面情绪的意义

每一种情绪的存在都是有意义的，它会带给我们有用的信息，特别是负面情绪。只不过，与负面情绪待在一起的感觉不太舒服，让我们本能地想要逃避。这个练习就是为了让我们与负面情绪待在一起，体会它要传达的信息，以及自身的感受，并根据这些信息来展开积极有效的行动。下面是一个范例，可供参考：

Q1：发生了什么事情，让你产生了情绪化进食的冲动？

——导师对我的论文不太满意，提出了修改意见。

Q2：此刻的你出现了什么样的情绪？

——焦虑。

Q3：焦虑的情绪想要告诉我什么？

——我要重新紧张起来，花费时间和精力去修改。

Q3：焦虑的情绪想要告诉其他人什么？

——当我有这种感觉的时候，很难平静地去处理问题。

Q4：这个情绪想让我做出什么行动？

——回答 1：吃东西

——回答 2：与导师沟通，说明具体情况，争取减少改动的次数。

Q5：这个行动对我有好处吗？

——回答 1：没有。

——回答 2：有。

练习 3：思考对情绪的信念

情绪之所以会对我们的行为发生影响，是因为我们有关于情绪的信念。现在要做的这个练习，就是帮助我们觉察自己对情绪的信念，提醒自己当情绪发生的时候该怎样应对？

请试着在纸上列出你对不同情绪的信念，特别是那些会触发你情绪化进食的情绪。

Q1：哪种情绪比较容易触发你情绪化进食？

——快乐。

Q2：你对这个情绪的信念是什么？

——我没有资格享受快乐。

Q3：这些信念如何影响你？

——每次体验到快乐或是自得其乐时，我会感到羞愧，感觉“对不起”父母，他们都没有享受过快乐，一直过得很辛苦。

Q4：这对你有帮助吗？

——没有，我的羞愧会让自己难受，而父母从来就不知道这些。

Q5：对这个情绪的其他可能看法？

——每个人都有资格享受快乐，我也一样。虽然父母过得辛苦，但他们应该也希望我过得开心。快乐能带给我热情和动力，让我有条件回馈给父母一些好的东西。

不带评判地关注自己的感受，就是你需要知道它是什么，但不用去评判它，因为情绪就是情绪，无法定义你这个人。这样做的好处是防止被情绪绑架——仅仅因为自己有某种情绪就认为自己“不好”。当我们了解了自己的情绪是什么时，就可以有针对性地去处理它了，这是解决问题的根本。

情绪性进食专题：只有接纳，改变才可能发生

学会正确识别情绪以后，我们还要懂得如何与情绪共处。

共处的前提，是接纳自己的情绪。这是一个艰难的过程，人有趋乐避苦的本能，没有谁乐意接受镜子中照射出的让令自己都感到难堪的体型。可是，心理学家卡尔·罗杰斯告诉我们："只有我接纳了自己，才能去改变自己。"

让很多人困惑的是，到底怎样做才算是接纳呢？

真正地接纳，就是有目的地采取开放的、不加评判的、包容的态度去接纳现实，对事物本来的面目作如是观。接纳不仅仅是行为上的，还有心理上的，这一点非常重要。

不少情绪性进食者，表面上接纳了自己超重的事实，可每次照镜子的时候，还是忍不住厌恶自己目视可见的臃肿，这就不是全然地接纳，也无法缓解煎熬的处境。

我们借助一个真实的案例，来详细了解一下对的负面情绪的全然接纳：

芙蕾35岁，离异两年。经人介绍，她认识了Lucas，两人约见了几次，相谈甚欢。原本，他们定好这周五下班后去吃西餐，结果对方却在约定时间的前1个小时，打电话取消了这次约会，给出的理由很简单："我感觉不太舒服。"

这让芙蕾很不舒服，她感觉自己受到了轻视。此时，芙蕾的脑子里立马冒出了一个想法：他不喜欢我。庆幸的是，芙蕾很快觉察到了这是自己的想法，而并非事实，她提醒自己说：只是一个想法而已。同时，芙蕾还意识到，她在听到对方取消约会的那一刻，心跳开始加速，面部肌肉紧绷，她注意到了一种让她回顾上一次恋爱中的失望情境体验的力量，但她没有屈服，而是回到了当下对 Lucas 取消约会所产生的情绪本身——不知道该怎么度过这个周五的夜晚，也害怕自己对 Lucas 的一番感情会得不到回应。

最初，芙蕾本想点一份重口味的外卖来安慰自己、哭鼻子，然后给 Lucas 打电话，取消原计划下周三陪他去看的网球赛。这种想法就是“以牙还牙”，你怎么对待我，我就怎么回应你！但，这依然只是一个想法，芙蕾并没有这样做，她选择了跟自己的情绪感受相处。

芙蕾意识到，她在内心深处很希望能更多地了解 Lucas，所以冲动行动并不能帮助她实现这个目标。毕竟，她的深层价值观是与人建立深层次的情感连接，同时她也很看重自尊心。所以，她决定晚上一个人去吃西餐，吃完后再回家看一部电影。

周六早上，芙蕾给 Lucas 打电话问候他。她的语气很温和，充满关爱，且表达了自己想要和对方坦诚沟通的意愿。虽然她感觉到自己在说这些话的时候，Lucas 有点不太适应，但她没有选择退缩或急着转换话题，而是依旧保持着自己的温和态度，并询问 Lucas 临时取消约会是不是表明他对自己不太感兴趣？Lucas 回应说，他感冒了，也希望放慢一下节奏。

芙蕾意识到这是一个模棱两可的回答，面对模糊和不确定的结果，会加重她的焦虑不安。但是，她依然保持住了开放和感兴趣的态度，让 Lucas 也感受到，并告诉对方自己愿意进一步了解他。

这是生活中很常见的一个情境。芙蕾遇到的问题，让她当下感觉不舒服，但她没有急着找一个快速且不健康的方式去解决，比如：吃垃圾食物，或者冲动使用那些都是回旋在她脑子里的想法。她允许它们存在，却没有屈从于想法。她选择了和自己的感受待在一起，从中了解一些信息，并作出更加成熟理性的选择：温和坦诚地与对方沟通，用爱和关注来善待自己，善待他人。

当熟悉又痛苦的情绪冒出来时，希望你也能试着像芙蕾一样做：和自己的情绪待在一起，看着它，安抚它，陪伴它，让它知道你已经认可它了，并允许它存在。当你觉知自己的情绪时，就在你和情绪之间创造了一个空间；当你接纳了自己的情绪时，你的内在就会升起一股力量，让你不再那么焦虑、恐惧，排斥令你痛苦的情绪。

情绪性进食专题：好好吃饭的六个正念法则

一个弟子问师父："什么是禅？"

师父说："吃饭时吃饭，睡觉时睡觉。"

这看似简单至极的回答，却是禅意十足。

正念是一种聚焦于当下、灵活且不带有评判的觉察。当一个人完全投入当下的事情中去时，无论这个事情多么简单卑微，都能够感受到无穷的乐趣，这就是正念的力量。

饱受情绪性进食困扰的人，在进食的过程中，并没有沉浸于当下，让所想与所做达成一致。他们只是用进食来阻止自己的感受，要么狼吞虎咽，要么如同嚼蜡，没有细细品尝食物本身的味道，吃下食物后也没有获得满足感，反倒萌生了深深的内疚与自责。

学会正念饮食，静下心来好好地吃一顿饭，充分感受食物的味道，以及自己进食时的身体感受，对情绪性进食者来说非常重要。这种有意识地进食，可以提高对身体饥饿感和饱腹感的认识，区分情绪性进食与真实的身体饥饿。

要实践正念饮食，需要遵从以下六个法则：

法则一：让吃饭充满仪式感

所谓仪式，就是引导我们的意念安静下来，可以专注做一件事情的特别的动作。饭前认真洗手，放一段轻柔的音乐，拍一张静美的照片……只要是为了好好吃饭而进行的准备，都可以成为一种自然而然的仪式感。如果可以，试着在吃饭之前为食物拍摄照片，这样做有两点好处：其一，可以延迟进食，给自己一个思量情绪和欲望的机会；其二，回顾自己每天的饮食情况，能够精准地进行记录。

法则二：一心一意地吃饭

不看电视，不看手机，不思考工作，放下所有的杂念，一心一意地吃饭，把当下这一刻的心理、情感以及身体上的状况，与意念融为一体，即所想和所做达成统一。如果吃饭的同时做其他事情或是心不在焉，就无法充分感受吃饭这件事带来的满足感和愉悦感。

法则三：放慢进食的速度

无论身在什么样的环境，和谁在一起，都要记得放慢吃饭的速度。大脑和胃需要花费20分钟的时间，才能够就饱腹感达成一致。如果进食的速度过快，往往在感觉饱的那一刻，已经吃掉了过量的食物。放慢速度，可以观察到自己生理上的饥饿程度，且只有在真正感到饥饿的时候，再继续进食。

法则四：细品食物的味道

吃东西本身是值得享受的一件事，要细心去品尝不同食物的味道，让每一份入口的食物，都能在味蕾中停留，散发出绵长的满足感。就如最寻常的米饭，你能否在吃第一口饭的时候，触到它的温度，嗅到它的饭香味，感受到它的软硬度，以及米饭本身的香甜味道？

法则五：吃到半饱停下来

身体和心灵都需要“留白”，不能占得太满。所以，吃饭吃到七成饱就可以，这样既不会感到饿，也不会感到撑。当胃里感觉舒服时，内心也会感觉平静。

怎样来判断七分饱的状态呢？很简单，就是当你进食的时候，感觉食物没有一开始那么“好吃”了，对食物的热情下降，主动进食的速度也变慢，但胃还没有觉得满足，习惯性地还想多吃一点。简单来说，就是可吃可不吃的状态。这个时候，就可以停下来了。

法则六：选择清淡的饮食

清淡，不是一日三餐只食蔬菜、喝清粥，而是是指在膳食平衡、营养合理的前提下，口味偏于清淡的饮食方式：减少炒、爆、煎、炸、烤，尽量选择清蒸、白煮、凉拌等，少加调料，让所有的食材都保持最本真的风味，保留最大的营养价值，降低脾胃消化的消耗。这样的饮食，更能给人带来祥和、宁静和健康。

仔细规划自己的每一餐。哪怕偶尔一次又触发了情绪化进食，也要学会自我理解和关爱，告诉自己：“我意识到了，下顿饭不这样吃了”；抑或采取补救措施：“让肠胃休息一下”，这远比自责与内疚更能让人转向积极的行动。

愿你与食物和解，与情绪和解，与自我和解。